水质

分析方法及应用探析

SHUIZHI

FENXI FANGFA JI YINGYONG TANXI

姚文志 ◎ 著

内 容 提 要

本书结合最新水质分析标准和国家相应规范要求,全面讨论了水质分析方法及其应用。全书共分7章,主要内容包括:绪论、酸碱滴定法及其在水质分析中的应用、络合滴定法及其在水质分析中的应用、沉淀滴定法及其在水质分析中的应用、氧化还原滴定法及其在水质分析中的应用、电化学分析法及其在水质分析中的应用、原子吸收分光光度法及其在水质分析中的应用等。本书可供从事环境工程类、环境科学类、水文水资源及相关行业的科研人员和技术人员参考。

图书在版编目（CIP）数据

水质分析方法及应用探析 / 姚文志著. -- 北京：中国水利水电出版社，2014.9（2022.9重印）
ISBN 978-7-5170-2576-4

Ⅰ.①水… Ⅱ.①姚… Ⅲ.①水质分析—分析方法 Ⅳ.①O661.1

中国版本图书馆CIP数据核字(2014)第223148号

策划编辑：杨庆川　责任编辑：杨元泓　封面设计：马静静

书　　名	水质分析方法及应用探析
作　　者	姚文志　著
出版发行	中国水利水电出版社 （北京市海淀区玉渊潭南路1号D座 100038） 网址：www.waterpub.com.cn E-mail：mchannel@263.net（万水） 　　　　sales@mwr.gov.cn 电话：(010)68545888(营销中心)、82562819（万水）
经　　售	北京科水图书销售有限公司 电话：(010)63202643、68545874 全国各地新华书店和相关出版物销售网点
排　　版	北京鑫海胜蓝数码科技有限公司
印　　刷	天津光之彩印刷有限公司
规　　格	170mm×240mm　16开本　13印张　168千字
版　　次	2015年6月第1版　2022年9月第2次印刷
印　　数	3001—4001册
定　　价	39.00元

凡购买我社图书，如有缺页、倒页、脱页的，本社发行部负责调换

版权所有·侵权必究

前　言

水是生命之源，是人类赖以生存和发展的不可缺少的物质基础。水资源是维系地球生态环境可持续发展的首要条件。目前水资源污染严重，为保护水资源，治理水环境，必须加强水质分析工作。通过水质分析及时、准确、全面地反映水环境质量现状及其发展趋势，为水环境管理、水污染控制和治理、制定水环境保护政策及水环境评价等提供科学依据。水分析化学是研究水及其杂质、污染物的组成、性质、含量和它们的分析方法的一门学科，作为水质分析的重要工具，无疑具有重大意义。

本书以分析化学理论为基础，紧密结合现行水质标准及国家相应规范要求，主要研究化学滴定法和仪器分析法方面的内容，及各种方法在水质分析、检测中的应用，将理论与实践有机地结合起来。内容丰富，实用性强，合理的增加和反映了近年来水质分析中的新技术、新方法和新内容。

全书共分7章：第1章为绪论，简要介绍了水分析化学的性质与任务，水质指标与标准，水质的采集、保存与处理等；第2~7章主要研究了化学分析方法及其在水质分析中的应用，分别为酸碱滴定法及其在水质分析中的应用、络合滴定法及其在水质分析中的应用、沉淀滴定法及其在水质分析中的应用、氧化还原滴定法及其在水质分析中的应用、电化学分析法及其在水质分析中的应用、原子吸收分光光度法及其在水质分析中的应用等。

本书在撰写过程中，参考了大量有价值的文献与资料，吸取了许多人的宝贵经验，在此向这些文献的作者表示敬意。由于作者水平有限，书中难免存在疏漏和不足之处，望广大读者和专家给予批评指正。

作者
2014年7月

目 录

第1章 绪论 … 1
1.1 水质分析的任务与内容 … 1
1.2 水质指标与水质标准 … 6
1.3 水样的采集、保存与预处理 … 18

第2章 酸碱滴定法及其在水质分析中的应用 … 28
2.1 水溶液中的酸碱平衡 … 28
2.2 酸碱指示剂 … 33
2.3 酸碱滴定法的原理分析 … 39
2.4 酸碱滴定的终点误差 … 48
2.5 酸碱滴定法在水质分析中的应用 … 50

第3章 络合滴定法及其在水质分析中的应用 … 60
3.1 络合滴定法概述 … 60
3.2 氨羧络合剂 … 62
3.3 金属指示剂 … 66
3.4 络合滴定法的原理分析 … 74
3.5 提高络合滴定选择性的方法 … 78
3.6 络合滴定方式及其在水质分析中的应用 … 84

第4章 沉淀滴定法及其在水质分析中的应用 … 90
4.1 沉淀溶解平衡与影响溶解度的因素 … 90
4.2 沉淀滴定法的原理分析 … 97

  4.3 沉淀滴定法在水质分析中的应用 …………………… 108

第5章 氧化还原滴定法及其在水质分析中的应用……… 110
  5.1 氧化还原反应 ……………………………………… 110
  5.2 氧化还原指示剂 …………………………………… 122
  5.3 氧化还原滴定法的原理分析 ……………………… 127
  5.4 氧化还原滴定法在水质分析中的应用 …………… 132

第6章 电化学分析法及其在水质分析中的应用…………… 149
  6.1 电位分析法的原理分析 …………………………… 149
  6.2 直接电位法 ………………………………………… 158
  6.3 电位滴定法 ………………………………………… 165
  6.4 电导分析法 ………………………………………… 171
  6.5 极谱分析法 ………………………………………… 174

第7章 原子吸收分光光度法及其在水质分析中的应用 … 184
  7.1 原子吸收分光光度法的原理分析 ………………… 184
  7.2 原子吸收分光光度计 ……………………………… 187
  7.3 定量分析方法 ……………………………………… 196
  7.4 原子吸收分光光度法在水质分析中的应用 …… 198

参考文献……………………………………………………………… 201

第1章 绪　　论

水是人类生命的源泉,是人类赖以生存的基本物质,也是工农业和经济发展不可取代的自然资源。

我国人均水资源量为 $2.4×10^3 \sim 2.5×10^3 \, m^3/a$,只有世界平均值的 27%。而缺水地区,人均水资源量只有我国平均值的几分之一。我国水资源利用率已达 60%~70%,用水量已逼近可取用水资源量的极限。加之我国水资源分布极不均匀,水污染普遍严重,浪费现象也十分严重,这些因素的综合结果是我国可利用水资源日益短缺,成为水资源贫乏的国家之一。

人类在生产生活过程中对水质也带来了不良影响[1],导致产生各种污染,影响水质安全,特别是生活污水和工业废水中所含的杂质进入天然水体,甚至完全改变天然水体原有的物质平衡状态,破坏人类周围的自然环境,给人类社会的生活和生产带来恶劣的影响。世界各地的地面水正在不断地被来自人类生产生活所排放的污水和工业废水等污染。目前,在水中已经发现了2000多种类别的化学污染物,在饮用水中已鉴别出数百种污染物。

1.1　水质分析的任务与内容

1.1.1　水质分析的任务

为了保护水资源,防治水污染,必须加强水环境污染的分析工作,为保护水环境提供水质分析手段和科学依据。此外,生活

---

[1] 王有志. 水质分析技术. 北京:化学工业出版社,2007.

饮用水、工业用水和农业用水中的杂质及含量都有一定的目标浓度限值。在选择不同用途的用水时,则应根据用户对水质的要求,按水质分析结果,加以分析判断,以保障供水的安全性。

水质分析结果在水环境评价、水处理工艺设计、污水资源化再生利用及选择水处理设备时,也是不可缺少的重要参数。水处理过程中和设备运行时是否达到设计指标,也必须用水质分析结果加以判断和评价。

1.1.2 水质分析的内容

1. 水质分析的基本方法

有多种分析水中的杂质、污染物的组分、含量等的方法。由于各种水的水质差别较大,成分复杂,互相干扰,有的杂质含量极少,不易准确测定。所以在水质分析中,主要以分析化学的基本原理为基础,分析化学中的所有分析方法和各种仪器几乎都有应用。水质分析的基本方法一般可分为两大类,即化学分析法和仪器分析法。

(1)化学分析法

化学分析法[1]是以化学反应为基础的分析方法,将水中被分析物质与已知成分、性质和含量的另一种物质发生化学反应,生成特殊性质的新物质,从而确定水存在的物质及其组成、性质和含量。主要有重量分析法和滴定分析法。

重量分析法[2]是将水中待测物质以沉淀的形式析出,经过滤、烘干、称重,得出待测物质的量。重量分析法比较准确,但分析过程繁琐、费时。主要用于水中悬浮物、总残渣等测定中使用。

滴定分析法[3]是用一种已知准确浓度的标准溶液或滴定

---

[1] 王国惠. 水分析化学. 北京:化学工业出版社,2009.
[2] 张志军. 水分析化学. 北京:中国石化出版社,2009.
[3] 吴俊森. 水分析化学精讲精练. 北京:化学工业出版社,2009.

剂,滴加到被测水样中,根据反应完全时所消耗试剂的体积和浓度,计算出被测物质含量的方法。当所加标准溶液的物质的量与被分析组分的物质的量之间,恰好符合滴定反应式所表示的化学计量关系,反应完全的那一点,称为化学计量点;化学计量点通常借助指示剂的变色来确定,以便终止滴定;在滴定过程中,指示剂正好发生颜色变化的转变点(变色点)称为滴定终点。由于操作误差,滴定终点与化学计量点不一定恰好吻合,此时的分析误差称为终点误差或滴定误差。

根据化学反应类型的不同,滴定分析法又分为氧化还原滴定法、酸碱滴定法、沉淀滴定法和配位滴定法,常用于水中碱酸度、溶解氧(DO)、高锰酸盐指数、生物化学需氧量(BOD)、化学需氧量(COD)、硬度、Cl^-、Ca^{2+}、Mg^{2+}、Al^{3+}等的测定。滴定分析法简便、快速,测定结果准确度高,不需贵重的仪器设备,因此被广泛采用。

(2)仪器分析法

仪器分析法是以水样中被分析物质的某种物理性质或化学性质为基础,以成套的物理仪器为手段,来测定水样中的组分和含量的分析方法。广泛应用于水质分析方面的有原子吸收光谱法、吸光光度法、电化学分析法、气相色谱法等。在水质分析中还可以应用专项测定仪器,测定 DO、总有机碳(TOC)、总需氧量(TOD)、BOD 等。用离子选择电极自动测定 CN^-、F^-、Cl^-、Pb^{2+}、Cd^{2+}等。仪器分析法操作快速,具有较高的准确性,适用于水样中微量或痕量组分的分析测定。

分析方法是水质分析技术的核心,选择分析方法需要考虑许多因素。首先,必须与待测组分的含量范围相一致;其次是分析方法的准确度和精密度。目前,分析方法有标准方法、统一方法和等效方法三个层次。每个分析方法各有其特定的适用范围,应首先选用国家标准分析方法。如我国国家标准水质分析方法 GB 7466—87,GB 7494—87,《水和废水监测分析方法》,《生活饮用水水质检验方法》等。如果没有相应的标准方法,应优先选用统一方法,最后选用试用方法或新方法做等效试验,报经上级批准后才能使用。

2. 水质分析中常用的名词术语

(1)灵敏度

灵敏度是指某分析方法对单位浓度或单位量待测物质变化所引起的响应量变化的程度。它可以用仪器的响应量或其他指示量与对应的待测物质的浓度或量之比来描述。如分光光度计常以校准曲线的斜率度量灵敏度。一个方法的灵敏度可因实验条件的变化而改变。在一定的实验条件下,灵敏度具有相对的稳定性。

通过校准曲线可以将仪器响应量与待测物质的浓度或量定量地联系起来,用下式表示它的直线部分:

$$A = kc + a$$

式中,A 为仪器响应值;k 为方法灵敏度,校准曲线的斜率;c 为待测物质的浓度;a 为校准曲线的截距。

(2)校准曲线

校准曲线是用于描述待测物质的浓度或量与相应仪器的响应量或其他指示量之间定量关系的曲线。校准曲线包括"工作曲线"和"标准曲线"。

在水质分析中,常选用校准曲线的直线部分。某一方法的校准曲线的直线部分所对应的待测物质的浓度或量的变化范围,称为该分析方法的线性范围。

(3)空白试验

空白试验是指用蒸馏水代替试样的分析测定。所加试剂和操作步骤与试样测定完全相同。空白试验应与试样测定同时进行,试样分析时仪器的响应值包括试样中待测物质、试剂中杂质、环境及操作过程的沾污等的响应值。这些因素是经常变化的,因此多为了了解它们对试样测定的综合影响,在每次测定时,均做空白试验。空白试验对试验用水有一定的要求,即其中待测物质浓度应低于方法的检出限。当空白试验值偏高时,应全面检查空白试验用水、试剂的空白、量器和容器是否沾污、仪器的性能和环境状况等。

(4) 检出限

检出限为某特定分析方法在给定的可靠程度内可以从样品中分析待测物质的最小浓度或最小量。"检出"是指判定样品中存在有浓度高于空白的待测物质,即定性检出。

检出限有几种规定如下:

①分光光度法中规定以扣除空白值后,吸光度为 0.01 相对应的浓度值为检出限。

②气相色谱法分析中检测器恰能产生与噪声相区别的响应信号时所需进入色谱柱的物质的最小量即的最小检测量。一般认为恰能辨别的相应信号,最小应为噪声的两倍。

最小检测浓度是指最小检测量与进样量之比。

③某些离子选择性电极法规定:当某一方法的标准曲线的直线部分外延的延长线与通过空白电位且平行于浓度轴的直线相交时,其交点所对应的浓度值即为该离子选择性电极法检出限。

(5) 测定限

测定限为定量范围的两端:分别为测定下限和测定上限。

测定下限是指在测定误差能满足预定要求的前提下,用特定的方法能准确地定量测定待测物质的最小浓度或量;测定上限是指在限定误差能满足预定要求的前提下,用特定的方法能准确地定量测定待测物质的最大浓度或量。

(6) 最佳测定范围

最佳测定范围是指在限定误差能满足预定要求的前提下,特定方法的测定下限至测定上限之间的浓度范围。

最佳测定范围应小于方法的适用范围。对测量结果的精密度要求越高,相应的最佳测定范围越小。

1.2 水质指标与水质标准

1.2.1 水质的物理指标

1. 水温

水的物理化学性质与水温有密切关系。水中溶解性气体（如 O_2、CO_2 等）的溶解度、水生生物和微生物活动、化学和生物化学反应速度及盐度、pH 值等都受水温变化的影响。

水的温度因水源不同而有很大差异。一般来说，地下水温度比较稳定，通常为 8～12℃。地面水随季节和气候变化较大，大致变化范围为 0～30℃。工业废水的温度因工业类型、生产工艺不同有很大差别。

2. 颜色和色度

颜色、浊度、悬浮物等反映水体外观的指标。纯水为无色透明，天然水中存在腐殖质、泥土、浮游生物和无机矿物质，使其呈现一定的颜色。工业废水含有染料、生物色素、有色悬浮物等，是环境水体着色的主要来源。有颜色的水可减弱水体的透光性，影响水生生物生长。

水的颜色可分为真色和表色两种。真色是指去除悬浮物后水的颜色；没有去除悬浮物的水所具有的颜色称为表色。对于清洁或浊度很低的水，其真色和表色相近；对于着色很深的工业废水，二者差别较大。水的色度一般是指真色而言。水的颜色常用以下方法测定。

(1) 铂钴标准比色法

本方法是用氯铂酸钾与氯化钴配成标准色列，再与水样进行目视比色确定水样的色度。规定每升水中含 1mg 铂和 0.5mg 钴所具有的颜色为 1 度，作为标准色度单位。测定时如果水样浑浊，则应放置澄清，也可用离心法或用孔径 0.45μm 滤膜过滤去除悬浮物,但不能用滤纸过滤。

该方法适用于较清洁的、带有黄色色调的天然水和饮用水的测定。如果水样中有泥土或其他分散很细的悬浮物,用澄清、离心等方法处理仍不透明时,则测定"表色"。

(2)稀释倍数法

该方法适用于受工业废水污染的地面水和工业废水颜色的测定。测定时,首先用文字描述水样颜色的种类和深浅程度,如深蓝色、棕黄色、暗黑色等。然后取一定量水样,用蒸馏水稀释到刚好看不到颜色,根据稀释倍数表示该水样的色度。

3. 臭

臭是检验原水和处理水的水质必测项目之一。水中臭主要来源于生活污水和工业废水中的污染物、天然物质的分解或与之有关的微生物活动。

测定臭的方法有定性描述法和臭强度近似定量法(臭阈试验)。

(1)定性描述法

这种检验方法的要点是:取 100mL 水样于 250mL 锥形瓶中,检验人员依靠自己的嗅觉,分别在 20℃和煮沸稍冷后闻其臭,用适当的词语描述其臭特征,并按划分的等级报告臭强度,见表 1-1。

表 1-1 臭强度等级

等级	强度	说明
0	无	无任何气味
1	微弱	一般饮用者难以察觉,嗅觉灵敏者可以察觉
2	弱	一般饮用者刚能察觉
3	明显	已能明显察觉,不加处理不能饮用
4	强	有很明显的臭味
5	很强	有强烈的恶臭

(2)臭阈值法

该方法是用无臭水稀释水样,直至闻出最低可辨别臭气的浓度(称"臭阈浓度"),用其表示臭的阈限。水样稀释到刚好闻出臭味时的稀释倍数称为"臭阈值",即

$$臭阈值 = \frac{水样体积(mL) + 无臭水体积(mL)}{水样体积(mL)}$$

检验操作要点:用水样和无臭水在锥形瓶中配制水样稀释系列,在水浴上加热至(60±1)℃;检验人员取出锥形瓶,振荡2~3次,去塞,闻其臭气,与其臭水比较,确定刚好闻出臭气的稀释样,计算臭阈值。如水样含余氯,应在脱氯前后各检验一次。

由于检验人员嗅觉敏感性有差异,对同一水样稀释系列的检验结果会不一致,因此,一般选择5名以上嗅觉敏感的人员同时检验,取各检臭人员检验结果的几何均值作为代表值。

4. 残渣

残渣分为总残渣、总可滤残渣和总不可滤残渣三种。它们是表征水中溶解性物质、不溶性物质含量的指标。

(1)总残渣

总残渣是水和废水在一定的温度下蒸发、烘干后剩余的物质,包括总不可滤残渣和总可滤残渣。其测定方法是取适量(如50mL)振荡均匀的水样于称至恒重的蒸发皿中,在蒸汽浴或水浴上蒸干,移入103~105℃烘箱内烘至恒重,增加的重量即为总残渣(mg/L)。计算式如下:

$$总残渣 = \frac{(A-B) \times 1000 \times 1000}{V}$$

式中,A 为总残渣和蒸发皿重,g;B 为蒸发皿重,g;V 为水样体积,mL。

(2)总可滤残渣

总可滤残渣量是指将过滤后的水样放在称至恒重的蒸发皿内蒸干,再在一定温度下烘至恒重所增加的重量。一般测定103~105℃烘干的总可滤残渣,但有时要求测定180℃±2℃烘

干的总可滤残渣。水样在此温度下烘干,可将吸着水全部赶尽,所得结果与化学分析结果所计算的总矿物质含量较接近。计算方法同总残渣。

(3)总不可滤残渣(悬浮物,SS)

水样经过滤后留在过滤器上的固体物质,于103～105℃烘至恒重得到的物质质量称为总不可滤残渣量。它包括不溶于水的泥沙各种污染物、微生物及难溶无机物等。常用的滤器有滤纸、滤膜、石棉坩埚。由于它们的滤孔大小不一致,故报告结果时应注明。石棉坩埚通常用于过滤酸或碱浓度高的水样。

5. 电导率

水的电导率与其所含无机酸、碱、盐的量有一定关系。当它们的浓度较低时,电导率随浓度的增大而增加,因此,该指标常用于推测水中离子的总浓度或含盐量。不同类型的水有不同的电导率。新鲜蒸馏水的电导率为 $0.5\sim2\mu S/cm$,但放置一段时间后,因吸收了 CO_2,增加到 $2\sim4\mu S/cm$;超纯水的电导率小于 $0.10\mu S/cm$;天然水的电导率多在 $50\sim500\mu S/cm$ 之间;海水的电导率约为 $30000\mu S/cm$。

6. 浊度

浊度是指水中悬浮物对光线透过时所发生的阻碍程度。测定浊度的方法有分光光度法、目视比浊法、浊度计法等。

(1)分光光度法

1)方法原理

将一定量的硫酸肼与六次甲基四胺聚合,生成白色高分子聚合物,以此作为浊度标准溶液,在一定条件下与水样浊度比较。该方法适用于天然水、饮用水浊度的测定。

2)测定要点

①将蒸馏水用 $0.2\mu m$ 的滤膜过滤,以此作为无浊度水。

②用硫酸肼 $[(NH_2)_2SO_4 \cdot H_2SO_4]$ 和六次甲基四胺 $[(CH_2)_6N_4]$ 及无浊度水配制浊度储备液、浊度标准溶液和系列

浊度标准溶液。

③于 680nm 波长处测定系列浊度标准溶液的吸光度,绘制吸光度—浊度标准曲线。

④取适量水样定容,按照测定系列浊度标准溶液方法测其吸光度,并由标准曲线上查出相应浊度,按下式计算水样的浊度(度):

$$浊度 = \frac{A \cdot V}{V_0}$$

式中,A 为经稀释的水样浊度,度;V 为水样经稀释后的体积,mL;V_0 为原水样体积,mL。

(2)目视比浊法

水样与用硅藻土(或白陶土)配制的标准浊度溶液进行比较,以确定水样的浊度。规定 1L 蒸馏水中含 1mg 一定粒度的硅藻土(或白陶土)所产生的浊度为一个浊度单位,简称度。

(3)浊度计测定法

浊度计是依据浑浊液对光进行散射或透射的原理制成的测定水体浊度的专用仪器,一般用于水体浊度的连续自动测定。

7. 透明度

透明度是指水样的澄清程度,洁净的水是透明的。透明度与浊度相反,水中悬浮物和胶体颗粒物越多,其透明度就越低。测定透明度的方法有铅字法、塞氏盘法、十字法等。

8. 矿化度

矿化度是水化学成分测定的重要指标,用于评价水中总含盐量,是农田灌溉用水适用性评价的主要指标之一。该指标一般只用于天然水占对无污染的水样,测得的矿化度值与该水样在 103~105℃时烘干的总可滤残渣量值相近。

矿化度的测定方法有重量法、电导法、阴、阳离子加和法、离子交换法、比重计法等。重量法含意明确,是较简单、通用的方法。

9. 氧化还原电位

对一个水体来说,往往存在多种氧化还原电对,构成复杂的氧化还原体系,而其氧化还原电位是多种氧化物质与还原物质发生氧化还原反应的综合结果。这一指标虽然不能作为某种氧化物质与还原物质浓度的指标,但能帮助我们了解水体的电化学特征,分析水体的性质,是一项综合性指标。

水体的氧化还原电位必须在现场测定。其测定方法是以铂电极作指示电极,饱和甘汞电极作参比电极,与水样组成原电池,用晶体管毫伏计或通用。pH-计测定铂电极相对于甘汞电极的氧化还原电位,然后再换算成相对于标准氢电极的氧化还原电位作为报告结果。

1.2.2 水质的微生物指标

水中微生物指标主要有细菌总数、大肠菌群和游离性余氯。

1. 细菌总数

指 1 mL 水样在营养琼脂培养基中,于 37℃ 培养 24h 后,所生长细菌菌落的总数。水中细菌总数用来判断饮用水、水源水、地面水等污染程度的标志。我国饮用水中规定细菌总数≤100 个/L。

2. 大肠菌群

大肠菌群可采用多管发酵法、滤膜法和延迟培养法测定。我国饮用水中规定大肠菌群≤3 个/L。

3. 游离性余氯

饮用水氯消毒之后剩余的游离性有效氯为游离性余氯。可采用碘量法、N,N-二乙基对苯二胺-硫酸亚铁铵滴定法和 N,N-二乙基对苯二胺(DPD)光度法测定。国家饮用水规定:集中式给水出厂水游离性余氯不低于 0.3mg/L,管网末梢水不应低于 0.05mg/L。

1.2.3 水质的化学指标

天然水和一般清洁水中最主要的离子成分有阳离子：Ca^{2+}、Mg^{2+}、Na^+、K^+和阴离子：HCO_3^-、SO_4^{2-}、Cl^-和SiO_3^{2-}八大基本离子，再加上量虽少，但起重要作用的H^+、OH^-、CO_3^{2-}、NO_3^-等，可以反映出水中离子组成的基本概况。而污染较严重的天然水、生活污水、工业废水可看作是在此基础上又增加了其他杂质成分。表示水中杂质及污染物的化学成分和特性的综合性指标为化学指标，主要有pH值、酸度、碱度、硬度、酸根、总合盐量、高锰酸盐指数、TOC、COD、BOD、DO、TOD等。

1. 酸度和碱度

（1）酸度

酸度是指水中能给出质子的物质总量。这类物质包括无机酸、有机酸、强酸弱碱盐等。地面水中，由于溶有二氧化碳或被机械、选矿、电镀、农药、印染、化工等行业排放的含酸废水污染，使水体pH值降低，破坏了水生生物和农作物的正常生活及生长条件，造成鱼类死亡，作物受害。所以，酸度是衡量水体水质的一项重要指标。

（2）碱度

水的碱度是指水中能接受质子的物质总量，包括强碱、弱碱、强碱弱酸盐等。

天然水中的碱度主要是由重碳酸盐、碳酸盐和氢氧化物引起的，其中重碳酸盐是水中碱度的主要形式。引起碱度的污染源主要是造纸、印染、化工、电镀等行业排放的废水及洗涤剂、化肥和农药在使用过程中的流失。

2. pH

pH是最常用的水质指标之一。天然水的pH多在6～9范围内；饮用水pH要求在6.5～8.5之间；某些工业用水的

pH 必须保持在 7.0～8.5 之间,以防止金属设备和管道被腐蚀。此外,pH 在废水生化处理,评价有毒物质的毒性等方面也具有指导意义。测定水的 pH 的方法有玻璃电极法和比色法。

3. 溶解氧(DO)

溶解于水中的分子态氧称为溶解氧。水中溶解氧的含量与大气压力、水温及含盐量等因素有关。大气压力下降、水温升高、含盐量增加,都会导致溶解氧含量降低。

清洁地表水溶解氧接近饱和。当有大量藻类繁殖时,溶解氧可能过饱和;当水体受到有机物质、无机还原物质污染时,会使溶解氧含量降低、甚至趋于零,此时厌氧细菌繁殖活跃,水质恶化。水中溶解氧低于 3～4mg/L 时,许多鱼类呼吸困难,继续减少,则会窒息死亡。一般规定水体中的溶解氧至少在 4mg/L 以上。在废水生化处理过程中,溶解氧也是一项重要控制指标。

测定水中溶解氧的方法有碘量法及其修正法和氧电极法。清洁水可用碘量法;受污染的地面水和工业废水必须用修正的碘量法或氧电极法。

4. 化学需氧量(COD)

化学需氧量是指水样在一定条件下,氧化 1L 水样中还原性物质所消耗的氧化剂的量,以氧的每升毫克数表示。水中还原性物质包括有机物和亚硝酸盐、硫化物、亚铁盐等无机物。化学需氧量反映了水中受还原性物质污染的程度。基于水体被有机物污染是很普遍的现象,该指标也作为有机物相对含量的综合指标之一。

对废水化学需氧量的测定,我国规定用重铬酸钾法,也可以用与其测定结果一致的库仑滴定法。

5. 高锰酸盐指数

以高锰酸钾溶液为氧化剂测得的化学耗氧量,以前称为锰法化学耗氧量。我国新的环境水质标准中,已把该值改称高锰酸盐指数,而仅将酸性重铬酸钾法测得的值称为化学需氧量。国际标准化组织(ISO)建议高锰酸钾法仅限于测定地表水上,饮用水和生活污水。

按测定溶液的介质不同,分为酸性高锰酸钾法和碱性高锰酸钾法。因为在碱性条件下高锰酸钾的氧化能力比酸性条件下稍弱,此时不能氧化水中的氯离子,故常用于测定含氯离子浓度较高的水样,酸性高锰酸钾法适用于氯离子含量不超过 300m/L 的水样。当高锰酸盐指数超过 5mg/L 时,应少取水样并经稀释后再测定。

6. 生化需氧量(BOD)

生化需氧量是指在有溶解氧的条件下,好氧微生物在分解水中有机物的生物化学氧化过程中所消耗的溶解氧量、同时亦包括如硫化物、亚铁等还原性无机物质氧化所消耗的氧量,但这部分通常占很小比例。

有机物在微生物作用下好氧分解大体上分两个阶段。第一阶段称为含碳物质氧化阶段,主要是含碳有机物氧化为二氧化碳和水;第二阶段称为硝化阶段,主要是含氮有机化合物在硝化菌的作用下分解为亚硝酸盐和硝酸盐。然而这两个阶段并非截然分开,而是各有主次。对生活污水及性质与其接近的工业废水,硝化阶段大约在 5~7d。甚至 10d,以后才显著进行,故目前国内外广泛采用的 20℃五天培养法(BOD_5 法)测定 BOD 值一般不包括硝化阶段。

BOD 是反映水体被有机物污染程度的综合指标,也是研究废水的可生化降解性和生化处理效果,以及生化处理废水工艺设计和动力学研究中的重要参数。

7. 总有机碳(TOC)

总有机碳是以碳的含量表示水体中有机物质总量的综合指标。由于 TOC 的测定采用燃烧法,因此能将有机物全部氧化,它比 BOD_5 或 COD 更能反映有机物的总量。

目前广泛应用的测定 TOC 的方法是燃烧氧化—非色散红外吸收法。其测定原理是：将一定量水样注入高温炉内的石英管,在 900~950℃ 温度下,以铂和三氧化钴或三氧化二铬为催化剂,使有机物燃烧裂解转化为 CO_2,然后用红外线气体分析仪测定 CO_2 含量,从而确定水样中碳的含量。因为在高温下,水样中的碳酸盐也分解产生 CO_2,故上面测得的为水样中的总碳（TC）。为获得有机碳含量,可采用两种方法:一是将水样预先酸化,通入氮气曝气,驱除各种碳酸盐分解生成的 CO_2 后再注入仪器测定；另一种方法是使用高温炉和低温炉皆有的 TOC 测定仪。

8. 总需氧量（TOD）

总需氧量是指水中能被氧化的物质,主要是有机物质在燃烧中变成稳定的氧化物时所需要的氧量,结果以 O_2 的每升毫克数表示。

1.2.4　水质标准

水质标准是表示生活饮用水、工农业用水等各种用途的水中污染物质的最高容许浓度或限量阈值的具体限制和要求。因此,水质标准实际是水的物理、化学和生物学的质量标准。这些水质标准都是为保障人群健康的最基本的卫生条件和按各种用水及其水源的要求而提出的。

水质标准分为国家正式颁布的统一规定和企业标准。前者是要求各个部门、企业单位都必须遵守的具有指令性和法律性的规定；后者虽不具法律性,但对水质提出的限制和要求,在控制水质、保证产品质量方面有积极的参考价值。

1. 地下水质量标准

为保护和合理开发地下水资源,防止和控制地下水污染,保障人民身体健康,促进经济建设,国家技术监督局于 1994 年 10 月 1 日实施《地下水质量标准》。本标准是地下水勘查评价、开发利用和监督管理的依据。本标准适用于一般地下水,不适用于地下热水、矿水、盐卤水等。

依据我国地下水水质现状、人体健康基准值及地下水质量保护目标,并参照了生活饮用水、工业、农业用水水质最高要求,将地下水质量划分为5类。

①Ⅰ类。主要反映地下水化学组分的天然低背景含量。适用于各种用途。

②Ⅱ类。主要反映地下水化学组分的天然背景含量。适用于各种用途。

③Ⅲ类。以人体健康基准值为依据。主要适用于集中式生活饮用水水源及工、农业用水。

④Ⅳ类。以农业和工业用水要求为依据。除适用于农业和部分工业用水外,适当处理后可作为生活饮用水。

⑤Ⅴ类。不宜饮用,其他用水可根据使用目的选用。

2. 地表水环境质量标准

为贯彻执行我国《环境保护法》和《水污染防治法》,控制水污染,保护水资源,2002年国家环保总局颁布了《地表水环境质量标准》(GB 3838—2002),本标准适用于中华人民共和国领域内江、河、湖泊、水库等具有使用功能的地表水水域。依据地表水水域的使用目的和保护目标将其划分为5类。

①Ⅰ类。主要适用于源头水、国家自然保护区。

②Ⅱ类。主要适用于集中式生活饮用水地表水源地一级保护区、珍贵水生生物栖息地、鱼虾类产卵场、仔稚幼鱼的索饵场等。

③Ⅲ类。主要适用于集中式生活饮用水地表水源地二级保护区、鱼虾类越冬场、洄游通道、水产养殖区等渔业水域及游泳区。

④Ⅳ类。主要适用于一般工业用水区及人体非直接接触的娱乐用水区。

⑤Ⅴ类。主要适用于适用于农业用水区及一般景观要求

水域。

3. 生活饮用水卫生标准

生活饮用水水质标准是制约水厂向居民供应符合卫生要求的生活饮用水,保障人群身体健康的基本限制和要求。

①不仅感官性状无不良刺激或不愉快的感觉,如饮用水中色度、浊度、嗅味等符合标准外,对水中由于氯消毒形成氯代酚而引起强烈臭味的挥发酚类化合物规定<0.002mg/L;使水产生金属涩味、浑浊、并使衣服、瓷器产生铜绿的锌与铜规定均不超过1.0mg/L,等等。

②所含有害或有毒物质的浓度对人体健康不产生毒害和不良影响。

③同时重要的是生活饮用水中不应含有各种病源细菌、病毒和寄生虫卵,在流行病学上安全可靠。我国饮用水中规定细菌总数不超过100个 mg/L,大肠菌群不超过34mg/L,游离性余氯不应低于0.3mg/L(出厂水)等。

4. 工业用水水质要求

工业种类繁多,对其用水要求也不尽相同,但有它们的共同点:就是水质必须保证产品质量,保障生产正常运行。工业用水主要有生产技术用水、锅炉用水和冷却水。各种工业用水往往由本行业自身做出规定。

5. 农业用水与渔业用水水质要求

农业用水约占地球用水的70%,主要是灌溉用水,要求在农田灌溉后,水中各种盐类被植物吸收不会因食用中毒或引起其他影响。尤其用水含盐量不得过多,否则导致土壤盐碱化,因此我国规定,对非盐碱土农田的灌溉用水总合盐量不得超过1500mg/L。

渔业用水除保证鱼类的正常生存、繁殖外,还要防止因水中有毒有害物质通过食物链在鱼体内的积累、转化引起鱼类死亡或人类中毒现象发生。

6. 水体污染控制标准

水体污染控制标准就是为保护天然水体免受污染。为饮用水、工农业用水、渔业用水等提供优质合格水资源的重要限制举措。

我国颁布的《地面水环境质量标准》和《污水排放标准》就是为保护水域水质、控制污染物排放、保证受纳水体水质符合用水要求而制定的具体措施和法规。

1.3 水样的采集、保存与预处理

水质分析的基本程序是水样的采集与保存、水样的预处理及分析方法的选择、分析结果的计算和表示方法等。水样的采集与保存、水样的预处理是分析结果准确可靠的重要环节。

1.3.1 水样的采集

采集水样时,首先要做好现场调查和资料收集,包括气象条件、水文地质、水位水深、河道流量、用水量、污水废水排放量、废水类型、排污去向等。所采集的水样应能充分代表水的全面性,不受任何意外的污染,而且采样与测定时间相隔越短,分析结果越可靠。

采集水样时所用的容器、采样方法以及水样的保存都必须有严格的要求。

1. 采样器

采样器可用无色具塞硬质玻璃瓶、具塞聚乙烯瓶或水桶。采集深水水样时,要用专门的采样器(如图1-1和图1-2所示)。还有深层采样器(如HQM-2型有机玻璃采样器)和自动采样器(如783型自动采样器)等,其操作及使用方法见各个产品的说明书。

第1章 绪 论

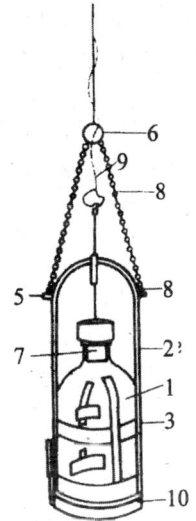

图 1-1 单层采水瓶

1—采水瓶;2、3—采水瓶架;4、5—控制采水瓶平衡的挂钩;6—固定采水瓶绳的挂钩;7—瓶塞;8—采水瓶绳;9—开瓶塞的软绳;10—铅锤

2. 水样的量

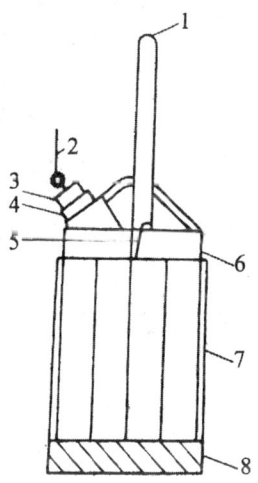

图 1-2 简易采水器

1—采水器软绳;2—壶塞软绳;3—软塞;4—水;
5—定挂钩;6—塑料水壶;7—钢丝架;8—重锤

· 19 ·

供一般物理与化学分析用的水样量约为 2~3L,如待测的项目很多,需要采集 5~10L,充分混合后分装于 1~2L 的贮样瓶中。不同的指标所采集的水样量如表 1-2 所示。

表 1-2 水样采集量(单位 mL)

监测项目	水样采集量	监测项目	水样采集量
总不可滤残渣	100	凯氏氮	500
色度	50	硝酸盐氮	100
嗅	200	亚硝酸盐氮	50
浊度	100	磷酸盐	50
pH	50	氟化物	300
电导率	100	氯化物	50
金属	1000	溴化物	100
硬度	100	氰化物	500
酸度、碱度	100	硫酸盐	50
溶解氧	300	硫化物	250
氨氮	400	COD	100
BOD_5	1000	苯胺类	200
油	1000	硝基苯	100
有机氯农药	2000	砷	100
酚	1000	显影剂类	100

3. 采样方法

采集水样前,应用水样冲洗采样瓶 2~3 次,采集水样时,水面距离瓶塞不少于 2mm。

采集不同形式的水源应用不同的方法。

①采集自来水或只有抽水机设备的井水,先放水数分钟,将水管里的杂质洗掉,再进行采样。

②采集无抽水机设备的井水,可直接用采样瓶进行采样。

③采集江河、湖泊或海洋表面的水样,应将采样瓶浸入水面下20~50cm且距离岸边20~50cm处,再进行采样。

④采集污染源调查水样,河流要考虑整个流域布点采样,特别是生活污水和工业废水的入河总排放口。

4. 布点方法

在布置监测采样点时取得的数据要有代表性,同时要避免过多的采样。样品及其调查监测数据的代表性取决于采样位置、采样断面和采样点的代表性。采样点的布设根据调查监测目的、水资源的利用情况及污水与天然水体的混合情况等因素而定。特别是水质突变和水质污染严重的采样点布设,在这些区域一般采样点应当密一些,在水渐变处的布点可以稀疏一些。在布设采样点时要尽量考虑到现状评价与影响评价的要求相结合。

(1) 河流

在选择河流采样断面时,先要了解监测河段内生产、生活取水口的位置、取水量,废水排放口的位置及污染物排放情况,河流的水文、河床、水工建筑、支流汇入等情况。由于河流水文和水化学条件的不均匀性,导致了水质在时空上的差异。因此,在布设采样点时需考虑河面的宽窄、河流的深度及采样的频率等。在测点的布设上可以采用两种方法。

①单点布设法:适用于河面狭窄、水浅、流量不大的小河流,且污染物在水平和垂直方向上都能充分混合,可以直接在河中心采样。

②断面布设法:对于较大的河流,如河面宽,水量大($>150m^3/s$),水深流急,可以采用多点断面混合采样法。分别找出对照断面、污染断面和结果断面(又称下游净化断面)。

对照断面,反映进入本地区河流水质的初始情况,一般设在进入城市、工业废水排放口的上游,基本不受本地区污染影响的地方。

污染断面,反映本地区排放的废水对河段水质的影响,设在排污区(口)的下游、污染物与河流能较充分混合的地方。

结果断面,反映河流对污染物的稀释净化情况,设在污染断面的下游,主要污染物浓度有显著下降的地方。

有些情况,如一条较长的河段里有几个大污染源,或在所研究的河段里有支流入口,采样断面需要适当增加。

断面位置确定后,断面上采样点的布设应根据河流的宽度和深度确定。垂线上采样点的设置和断面垂线设置见表1-3和表1-4。

表1-3 垂线上采样点的设置

水深(m)	采样点数量
≤50	一点(水面下0.5m)
50~100	两点(水面下0.5m、河底上0.5m)
>100	三点(水面下0.5m、1/2水深、河底上0.5m)

表1-4 断面垂线设置

水面宽度(m)	垂线数量	说明
≤50	一条(中泓线)	断面上垂线的布设应避开岸边污染带。有必要对岸边污染带进行监测时,可在污染带内酌情增设垂线。对无排污河段并有充分数据证明断面上水质均匀时,可只设中泓一条垂线
50~100	两条(左、右近岸有明显水流处)	
>100	三条(左、中、右)	

(2)湖泊(水库)

对于湖泊、水库采样断面和采样点的布设可根据江河入湖(库)的河流数量、流量、季节变化情况、沿岸污染源对湖(库)水体的影响、湖(库)水体的生态环境特点及污染物的扩散与水体的自净情况等确定。

①在入、出湖(库)河流汇合处。

②在沿岸的城市工业区大型排污口、饮用水源及风景游

览区。

③在湖(库)中心、沿水流流向及滞流区。

④在湖(库)中不同鱼类的洄游产卵区。

(3)工业废水采样布点

工业废水的采样点往往要根据分析目的来确定。

①要测定一类污染物,应在车间或车间设备出口处布设采样点。一类污染物主要包括 Hg、Cd、As、Pb 和强致癌物等。

②要测定二类污染物,应在工厂总排污口处布设采样点。二类污染物有总不可滤残渣、硫化物、挥发性酚、氰化物、有机磷、石油类、Cu、Zn、F、硝基苯类、苯胺类等。

③有处理设施的工厂,应在处理设施的排出口处布设采样点。为了解对废水的处理效果,可在进水口和出水口同时布设采样点。

1.3.2 水样的保存

适当的保护措施虽然能够降低水样变化的程度和减缓其变化的速度,但并不能完全抑制其变化。有些项目特别容易发生变化,如水温、溶解氧、CO_2 等,必须在采样现场进行测定。有一部分项目可在采样现场对水样做简单的预处理,使之能够保存一段时间。水样允许保存的时间与水样的性质、分析的项目、溶液的酸度、存储容器的材质以及存放温度等多种因素有关。实际上,水样取出后,其组分完全不变化不损失是不可能的,因此,水样很难保存,最理想的就是取样后立即分析。

1. 水样的保存要求

①减慢化学反应速度,防止组分的分解和沉淀的产生。
②减缓化合物或配位化合物的水解、离解及氧化还原作用。
③减少组分的挥发和吸附损失。
④抑制微生物作用。

2. 水样的保存技术

水样的保存方法主要有加入保存试剂、控制 pH 和冷藏冷冻等。此外,还应选择适当材料的容器保存水样。有关水样的具体保存方法见表 1-5。

表 1-5 水样的保存方法

测定项目	采水容器①	保存方法	最长保存时间	水样量(mL)	备注
温度	G、P	2～5℃冷藏		1000	现场测定
pH	G、P	2～5℃冷藏	6h	50	现场测定
不可滤残渣	G、P	2～5℃冷藏		100	尽快测定
色度	G、P		24h	50	现场测定
浊度	G、P			100	现场测定
嗅	G		6h	200	现场测定
电导率、酸度、碱度	G、P	2～5℃冷藏	24h	100	现场测定
DO	G、P	加 $MnSO_4$ 和 KI 试剂	4～8h	300	现场固定
BOD_5^{20}	G、P	冷冻或 2～5℃	1个月或 6h	1000	
COD	G、P	H_2SO_4 酸化至 pH<2 冷冻,2～5℃ 冷藏	7d 24h	50	尽快测定
TOC	G、P	H_2SO_4 酸化至 pH<2 冷冻	7d	25	
硬度	G、P	2～5℃冷藏	7d	100	
氨氮、凯氏氮、硝酸盐氮	G、P	H_2SO_4 酸化至 pH<2 冷冻,2～5℃ 冷藏	24h	400,500 100	
亚硝酸盐氮	G、P	2～5℃冷藏			立即分析
总氮	G、P	H_2SO_4 酸化至 pH<2	24h		

续表

测定项目	采水容器①	保存方法	最长保存时间	水样量（mL）	备注
O_3	G、P				现场测定
CO_2	G、P				现场测定
余氯	G、P		6h		现场测定
挥发酚	G、P	$1gCuSO_4/L$ 水，H_3PO_4 酸化至 pH<2	24h	500	
Hg 总量 溶解	G、P G	HNO_3 酸化至 pH<2，过滤，HNO_3 酸化至 pH<2	13d 38d	100 100	
Cr 总量 六价	G G	HNO_3 酸化至 pH<2，NaOH 至 pH=8～9			当天测定 当天测定
氯化物、氟化物、硫酸盐	G、P	2～5℃冷藏	7d	50,300 50	
氰化物	G、P	NaOH 至 pH=13，2～5℃冷藏	24h	500	现场固定
硫化物	G、P	2mL 1mol/L Pb(Ac)₂ 和 1mL 1mol/L NaOH	24h	250	现场固定
总金属	P	HNO_3 酸化至 pH<2	6个月		现场萃取
$CHCl_3$ 等有机氯代物	G、P	抗坏血酸 5g/L、牛料带密封			
有机氯农药	G	2～5℃冷藏			
可溶性磷酸盐	G	现场过滤 2～5℃冷藏	24h	50	
总磷	P、G	H_2SO_4 酸化至 pH<2，2～5℃冷藏	24h	50	

续表

测定项目	采水容器①	保存方法	最长保存时间	水样量（mL）	备注
砷	G、P	H_2SO_4 酸化至 pH<2	6个月	100	
硒	G、P	HNO_3 酸化至 pH<2	6个月	50	
硅	P	2℃~5℃冷藏	7d	50	
油、脂	G	H_2SO_4 酸化至 pH<2，2℃~5℃冷藏	24h	1000	
离子表面活性剂	G	加 $CHCl_3$，2℃~5℃冷藏	7d		
非离子表面活性剂	G	使水样含1%（V/V）甲醛，水充满瓶，2℃~5℃冷藏	1个月		
细菌总数、大肠菌群	G(灭菌)	冷藏	6h		

注：①P—塑料容器，G—玻璃容器。

1.3.3 水样的预处理

对水样进行分析前，常根据不同的分析目的、水质状况、有无干扰等对水样作预处理。常用的预处理方法主要有以下几点：

(1)过滤

在采样时或采样后不久，用滤纸、滤膜或砂芯漏斗，玻璃纤维等来过滤样品或将样品离心分离都可以除去其中的悬浮物，沉淀、藻类及其他微生物。分析时，在滤器的选择上要注意可能的吸附损失。

(2)浓缩或稀释

如水样中被分析组分的含量较低，可通过蒸发、溶剂萃取或离子交换等措施浓缩后再进行分析。当水样中被分析组分的含量较高,超过分析方法的分析范围,还可进行稀释。

(3)蒸馏

若水样中存在干扰物质,且干扰物质和待测组分具有不同的沸点,可以通过蒸馏的方法来消除干扰。如测定水样中的酚类化合物、氟化物、氢化物时,在适当的条件下可通过蒸馏将酚类化合物、氟化物、氢化物蒸出后测定,共存干扰物质残留在蒸馏液中而消失。

(4)消解

消解方法分为分解性消解、干式消解和改变价态消解。如水样中同时存在无机结合态和有机结合态的金属,可加酸进行酸式消解。经过强烈的化学作用,使金属离子释放出来,再进行测定。如测定水样中的总汞时,加强酸和加热的条件下用高锰酸钾和过硫酸钾将水样进行改变价态消解,使水样中所含的总汞全部转化为二价汞后,再进行测定。进行金属离子或无机离子测定,有时通过高温灼烧去除有机物,将灼烧后的残渣用硝酸或盐酸溶解,并过滤于容量瓶中再进行测量,就是利用了干式消解。

第 2 章 酸碱滴定法及其在水质分析中的应用

酸碱滴定法是以质子传递反应为基础的滴定方法。酸、碱是许多化学反应的重要参与者。一般情况下能与酸、碱可以直接或间接发生质子传递反应的物质都可用酸碱滴定法进行测定。

本章主要介绍了水溶液中的酸碱平衡,酸碱滴定的原理分析,酸碱滴定过程中用到的指示剂,酸碱滴定的终点误差以及酸碱滴定方法在水质分析中的应用。

2.1 水溶液中的酸碱平衡

2.1.1 酸碱概念

根据布朗斯特的质子酸碱理论,凡能给出质子的物质是酸,能接受质子的物质是碱。

$$HB \Longleftrightarrow H^+ + B^-$$

上述反应称为酸碱半反应。酸(HB)失去 1 个质子后转化成它的共轭碱(B^-);碱(B^-)得到 1 个质子后转化成它的共轭酸(HB),这一对酸碱互相依存,彼此不能分开,这种因质子得失而相互转变的一对酸碱称为共轭酸碱对,如 HAc 和 Ac^- 为共轭酸碱对。酸碱半反应的实质就是一个共轭酸碱对中质子的传递。[1]

$$共轭酸 \Longleftrightarrow 质子 + 共轭碱$$
$$HAc \Longleftrightarrow H^+ + Ac^-$$

---

[1] 黄君礼,吴明松. 水分析化学. 北京:中国建筑工业出版社,2013.

$$H_2CO_3 \rightleftharpoons H^+ + HCO_3^-$$
$$HCO_3^- \rightleftharpoons H^+ + CO_3^{2-}$$
$$NH_4^+ \rightleftharpoons H^+ + NH_3$$

酸碱可以是中性分子、阴离子或阳离子,只是酸比其共轭碱多一正电荷。酸碱的含义具有相对性:同一物质在不同的共轭酸碱对中,可表现出不同的酸碱性;溶剂不同时,同一物质表现出不同的酸碱性。如 HNO_3 在水中是强酸,在冰醋酸中是弱酸,在浓硫酸中具有碱性。既能接受质子又能给出质子的物质为两性物质(Amphoteric Substance),如 H_2O、HCO_3^-。

2.1.2 酸碱反应

酸碱质子理论认为,酸碱反应的实质是质子的转移。例如 HCl 在水中的解离是由于作为溶剂的水在起着碱的作用。

$$HCl + H_2O \rightleftharpoons H_3O^+ + Cl^-$$

为了书写方便,通常将 H_3O^+ 简写 H^+,于是上述反应式可写成

$$HCl \rightleftharpoons H^+ + Cl^-$$

上述反应式虽经简化,但不可忘记溶剂水分子所起的作用,它所代表的仍是一个完整的酸碱反应。

NH_3 与水的反应也是一种酸碱反应,不同的是,作为溶剂的水分子起着酸的作用

$$NH_3 + H_2O \rightleftharpoons OH^- + NH_4^+$$

由此可见,作为溶剂的水既能给出质子起着酸的作用,又能接受质子起着碱的作用,所以,水是一种两性物质。由于水具有这种性质,故在水分子之间也可以发生质子的转移作用

$$H_2O + H_2O \rightleftharpoons H_3O^+ + OH^-$$

这种仅在水分子之间发生的质子传递作用称为水的质子自递反应。

2.1.3 水溶液中酸碱反应的平衡常数

1. 酸碱反应平衡常数——解离常数

水溶液中酸度的大小取决于酸将质子(H^+)给予H_2O的能力,同样碱度的大小取决于碱从H_2O那里获取质子(H^+)的能力。凡是把H^+给予溶剂能力大的,其酸的强度就强;相反,从溶剂分子中夺取H^+能力大的,其碱的强度就大。这种给出和获得质子能力的大小,具体表现在它们的解离常数上。酸的解离常数以K_a表示,碱的解离常数以K_a表示。[①]

如以 HB 和 B 作为酸碱反应中的相应酸和碱的代表符号,有:

$$HB + H_2O \rightleftharpoons H_3O^+ + B^-$$

$$K_a = \frac{a_{H_3O^+} \cdot a_{B^-}}{a_{HB}}$$

$$B + H_2O \rightleftharpoons HB^+ + OH^-$$

$$K_b = \frac{a_{HB^+} \cdot a_{OH^-}}{a_B}$$

可以根据K_a与K_b的大小判断酸碱的强弱,凡K_a或K_b大的则强。例如:

$$HAc + H_2O \rightleftharpoons H_3O^+ + Ac^- \quad K_a = 1.70 \times 10^{-5}$$

$$NH_4^+ + H_2O \rightleftharpoons H_3O^+ + NH_3 \quad K_a = 5.60 \times 10^{-10}$$

$$HS^- + H_2O \rightleftharpoons H_3O^+ + S^{2-} \quad K_a = 7.10 \times 10^{-15}$$

随着K_a由小变大,HAc、NH_4^+、HS^-的强度依次变小。

$$Ac^- + H_2O \rightleftharpoons HAc + OH^- \quad K_b = 5.90 \times 10^{-10}$$

$$NH_3 + H_2O \rightleftharpoons NH_4^+ + OH^- \quad K_b = 1.80 \times 10^{-5}$$

$$S^{2-} + H_2O \rightleftharpoons HS^- + OH^- \quad K_b = 1.41$$

随着K_b由小变大,Ac^-、NH_3、HS^-的强度依次变强。

由此可见,对于任何一种酸,如果它本身的酸性强,其K_a就

[①] 王有志. 水质分析技术. 北京:化学工业出版社,2007.

越大;则其共轭碱的碱性就弱,即其共轭碱的 K_b 就越小。

在水溶液中,H_3O^+ 是实际存在的最强的酸的形式,如果任何一种酸的强度大于 H_3O^+,而且浓度不是很大的情况下,必将定量的在与 H_2O 发生反应,完全转化为 H_3O^+。

$$HCl + H_2O \rightleftharpoons H_3O^+ + Cl^- \quad K_a \geqslant 1$$

其中 Cl^- 式 HCl 的共轭碱,在上述反应中反应进行得很彻底,以至于 Cl^- 几乎没有从 H_3O^+ 中夺取质子转化为 HCl 的能力,也就是说 Cl^- 是一种非常弱的碱,它的 K_b 几乎测不出来。

同样,OH^- 是在水溶液中实际存在的最强的碱的形式,如果任何一种碱的强度大于 OH^-,而且浓度不是很大的情况下,必将定量的与 H_2O 发生反应,完全转化为 OH^-。

2. K_a 与 K_b 的关系

酸与碱既然是共轭的,其解离常数 K_a 与 K_b 之间必然有一定的联系。

现以 HAc-Ac$^-$ 共轭酸间对为例:

$$HAc + H_2O \rightleftharpoons H_3O^+ + Ac^-$$

$$K_a = \frac{[H_3O^+][Ac^-]}{[HAc]}$$

$$Ac^- + H_2O \rightleftharpoons HAc + OH^-$$

$$K_b = \frac{[HAc][OH^-]}{[Ac^-]}$$

将 K_a 与 K_b 相乘,得

$$K_a K_b = \frac{[H_3O^+][Ac^-]}{[HAc]} \cdot \frac{[HAc][OH^-]}{[Ac^-]} = [H_3O^+][OH^-]$$

即

$$K_a K_b = K_w = 1.0 \times 10^{-14} (25℃)$$

$$pK_a + pK_b = pK_w = 14.00$$

由此可见,对于任一 HA—A$^-$ 共轭酸间对而言,酸越强,则其共轭碱越弱;同理,碱越强,则其共轭酸越弱。由酸的解离常数 K_a,可求其共轭碱的解离常数 K_b,反之亦然。

对于多元酸(碱),由于其再水溶液中是分级解离,溶液中存在多个共轭酸碱对。

3. 多元酸(碱)中 K_a 与 K_b 的关系

以 H_2CO_3 为例说明,H_2CO_3 逐级解离如下:

$$H_2CO_3 + H_2O \rightleftharpoons HCO_3^- + H_3O^+$$

$$K_{a1} = \frac{[HCO_3^-][H_3O^+]}{[H_2CO_3]} = 4.2 \times 10^{-7}$$

$$HCO_3^- + H_2O \rightleftharpoons CO_3^{2-} + H_3O^+$$

$$K_{a2} = \frac{[CO_3^{2-}][H_3O^+]}{[HCO_3^-]} = 5.6 \times 10^{-11}$$

由于 $K_{a1} > K_{a2}$,酸的强度是 $H_2CO_3 > HCO_3^-$。

作为碱,CO_3^{2-} 将逐级结合 H^+

$$CO_3^{2-} + H_2O \rightleftharpoons HCO_3^- + OH^-$$

$$K_{b1} = \frac{[HCO_3^-][OH^-]}{[CO_3^{2-}]}$$

$$HCO_3^- + H_2O \rightleftharpoons H_2CO_3 + OH^-$$

$$K_{b2} = \frac{[H_2CO_3][OH^-]}{[HCO_3^-]}$$

则多元酸(碱)中共轭酸碱对间的对应关系为

$$K_{a1} K_{b2} = K_{a2} K_{b1} = K_w$$

2.1.4 活度与活度系数

在溶液中,由于离子间存在静电引力作用,离子的自由运动和反应活性受到了影响,使得离子参加化学反应的有效浓度比它的实际浓度低[①]。因此,引入"活度"的概念。活度可以认为是离子在化学反应中起作用的有效浓度。如果以 a 表示离子的活度,c 表示其摩尔浓度,则它们之间的关系为

$$a = \gamma c$$

---

① 夏淑梅. 水分析化学. 北京:北京大学出版社,2012.

第 2 章 酸碱滴定法及其在水质分析中的应用

γ称为活度系数,它反映实际溶液与理想溶液之间的偏差度。[①] 对于强电解质溶液,当浓度极稀时,离子之间的距离相当大,离子之间的相互作用力可以忽略不计,γ≈1,可以认为活度等于浓度。对于很浓的强电解质溶液来说,情况比较复杂,目前没有较好的计算公式。对于稀的强电解质溶液（<0.1mol·L^{-1}）来说,由于离子的总浓度较高,离子间的作用力较大,活度系数小于1,活度也就小于浓度。在这种情况下,严格地讲,各种平衡常数的计算都不能用浓度,而应用活度来进行。

活度系数γ的大小不仅与溶液中各种离子的总浓度有关,也与离子的电荷数有关。稀溶液中离子的活度系数,可以利用德拜-休克尔极限公式近似计算。

$$-\lg\gamma = 0.512 z_i^2 \sqrt{I}$$

式中,z_i为粒子的电荷数;I为溶液的离子强度。

离子强度与溶液中各种离子的浓度及电荷数有关,稀溶液的计算式为

$$I = \frac{1}{2} \sum_{i=1}^{n} c_i z_i^2$$

显然,溶液中的离子浓度越大,电荷越高,离子强度越大,活度系数越小。

2.2 酸碱指示剂

2.2.1 酸碱指示剂的种类

(1)碱性范围的指示剂

如酚酞(PP,pK_{In}=9.1),变色范围为 8.0(无色)~10.0(红色);百里酚酞(pK_{In}=10.0),变色范围为 9.4(无色)~10.6(蓝色);百里酚蓝(pK_{In}=8.9),变色范围为 8.0(黄色)~9.6(蓝色)。

[①] 谢协忠. 水分析化学. 北京:中国电力出版社,2014.

(2)中性范围的指示剂

如溴百里酚蓝($pK_{In}=7.3$),变色范围为6.2(黄色)~7.6(蓝色);中性红($pK_{In}=7.4$),变色范围为6.8(红色)~8.0(黄橙色)。

(3)酸性范围的指示剂

如甲基橙(MO,$pK_{In}=3.4$),变色范围为3.1(红色)~4.4(黄色);甲基红(MR,$pK_{In}=5.0$),变色范围为4.4(红色)~6.2(黄色);溴酚蓝($pK_{In}=4.1$),变色范围为3.0(黄色)~4.6(紫色)。

2.2.2 酸碱指示剂的作用原理

酸碱指示剂多数是有机弱酸,少数是有机弱碱或两性物质,它们的共轭酸碱对有不同的结构,因而呈现不同的颜色。如pH改变,则显示不同的颜色。酸碱指示剂之所以能够改变颜色,是由于它们在给出或得到质子的同时,其分子结构也发生了变化,而且这些结构变化和颜色反应都是可逆的。[①]

$$酸式色 \underset{+H^+}{\overset{-H^-}{\rightleftharpoons}} 碱式色$$

(1)甲基橙

一种弱的有机碱,双色指示剂,用 NaR 表示。

$(CH_3)_2N-\bigcirc-N=N-\bigcirc-SO_3^- \underset{OH^-}{\overset{H^+}{\rightleftharpoons}} (CH_3)_2\overset{+}{N}=\bigcirc=N-\underset{H}{N}-\bigcirc-SO_3^-$

偶氮式离子(碱式色)　　　　　　　醌式离子(酸式色)

可写成简式:

$$\underset{\substack{(橙黄色)\\碱式色}}{R^-} \underset{-H^+}{\overset{+H^+}{\rightleftharpoons}} \underset{\substack{(红色)\\酸式色}}{HR}$$

└──共轭酸碱对──┘

当pH改变时,共轭酸碱对相互发生转变,引起颜色的变化。在酸性溶液中得到质子,平衡右移,溶液呈现红色;在碱性

---

① 宋吉娜. 水分析化学. 北京:北京大学出版社,2013.

溶液中失去 H^+，平衡向左移，溶液呈现橙黄色。

(2) 酚酞

非常弱的有机酸，单色指示剂。在浓度很低的水溶液中，几乎完全以分子状态存在。

内酯结构（酸式色）　　羧酸结构　　　　醌式盐结构（碱式色）　　羧酸盐式离子
无色　　　　　　　　　　　　　　　　　红色　　　　　　　　　　　无色
（中性或酸性溶液中）　　　　　　　　　（碱性溶液中）　　　　　　（浓碱溶液中）

同样，pH 变化，酚酞共轭酸碱对相互发生转变，引起颜色变化，在中性或酸性溶液中得到 H^+，平衡左移，呈无色；在碱性溶液中，失去质子 H^+，平衡向右移，呈现红色。

应该指出，酚酞的碱式色不稳定，在浓碱溶液中，醌式盐结构变成羧酸盐式离子，由红色变无色。这是应用中应该注意的。

酚酞溶液一般配制成 0.1% 或 1% 的 90% 乙醇溶液。

2.2.3 酸碱指示剂的作用范围

指示滴定终点的原理：在滴定过程中，pH 不断变化，HIn 和 In^- 的浓度比随之变化。接近终点时，pH 值发生突变，HIn 和 In^- 的浓度比随之突变，人眼可观察到酸式 A 色和碱式 B 色之间的突变。

浓度比	显色物质	pH 值	临界点	颜色
$\dfrac{[In^-]}{[HIn]} \geqslant 10$	In^-	$pH \geqslant pK_{HIn}+1$	$pK_{HIn}+1$	碱式色
$\dfrac{[In^-]}{[HIn]} \leqslant \dfrac{1}{10}$	HIn	$pH \leqslant pK_{HIn}-1$	$pK_{HIn}-1$	酸式色

续表

浓度比	显色物质	pH 值	临界点	颜色
$\dfrac{[\text{In}^-]}{[\text{HIn}]}=1$	HIn, In$^-$	pH=pK_{HIn}		混合色

pH=pK_{HIn}称为指示剂的理论变色点,此时溶液为 HIn、In$^-$的混合色。

当溶液的 pH 值由 pK_{HIn}-1 改变到 pK_{HIn}+1 时,能明显看到指示剂由酸式色变到碱式色,故 pH=pK_{HIn}±1 这个范围称为指示剂的变色范围。

由于人眼对不同颜色的敏感程度不同,观察到的实际变色范围与理论计算值有区别。故指示剂的变色范围常由实验测得。

指示剂本身是酸碱,应适当少用。

2.2.4 混合指示剂

常用酸碱指示剂列于表 2-1 中。这些单一的指示剂变色范围较宽,一般都有约 2 个 pH 单位的变色范围,其中有些指示剂由于变色过程有过渡颜色,终点不易辨认;另一方面,有些弱酸或弱碱的滴定突跃范围很窄,这就要求选择变色范围较窄、色调变化明显的指示剂[1]。因此,常采用 K_1 相近的两种指示剂配成混合指示剂解决这些矛盾(表 2-2)。混合指示剂是利用两种指示剂变色范围的相互叠合及颜色之间的互补作用,使变色范围变窄,滴到终点时变色敏锐。例如,溴甲酚绿(pK_1=4.9)和甲基红(pK_1=5.0)配制成的混合指示剂,在 pH=5.1 时,由于溴甲酚绿的蓝绿色和甲基红的紫红色互补作用而呈浅灰色,没有中间色,使颜色发生突变,终点变色十分敏锐(图 2-1)。

---

[1] 宋吉娜. 水分析化学. 北京:北京大学出版社,2013.

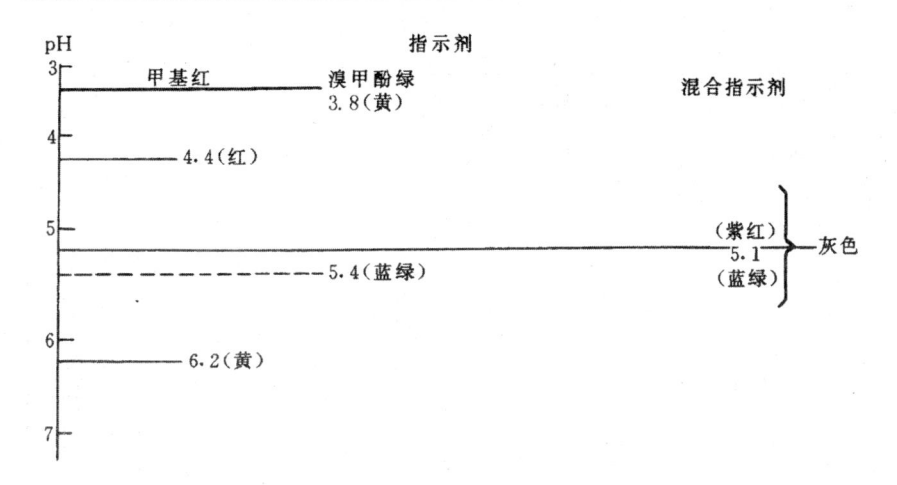

图 2-1　溴甲酚绿和甲基红的色调叠合变化图

表 2-1　常用酸碱指示剂

指示剂	变色范围 pH	pK_1	酸色	碱色	指示剂溶液
百里酚蓝（第一次变色）	1.2～2.8	1.65	红	黄	0.1%～20%乙醇溶液
甲基黄	2.9～4.0	3.25	红	黄	0.1%～90%乙醇溶液
溴酚蓝	3.0～4.6	4.10	黄	蓝紫	0.1%～20%乙醇溶液
甲基橙	3.1～4.4	3.46	红	黄	0.05%水溶液
溴甲酚绿	3.9～5.4	4.90	黄	蓝	0.1%～20%乙醇溶液
甲基红	4.4～6.2	5.00	红	黄	0.1%～60%乙醇溶液
溴酚红	5.0～6.6	6.25	黄	红	0.1%～20%乙醇溶液
溴百里酚蓝	6.0～7.6	7.30	黄	蓝	0.1%～20%乙醇溶液
酚红	6.7～8.4	8.0	黄	红	0.1%～60%乙醇溶液

续表

指示剂	变色范围pH	pK_1	酸色	碱色	指示剂溶液
中性红	6.8~8.6	7.40	红	黄橙	0.1%~60%乙醇溶液
甲酚红	7.2~8.8	8.46	黄	紫红	0.1%~20%乙醇溶液
酚酞	8.0~9.8	9.1	无	红	0.1%~90%乙醇溶液
百里酚蓝（第二次变色）	8.0~9.6	9.2	黄	蓝	0.1%~20%乙醇溶液
百里酚酞	9.4~10.6	10	无	蓝	0.1%~90%乙醇溶液

表2-2 常用混合指示剂

混合指示剂的组成	变色点 pH	变色点 颜色	酸色
1份0.1%甲基黄乙醇溶液 1份0.1%亚甲基蓝乙醇溶液	3.25	pH3.4 绿色 pH3.2 蓝紫色	蓝紫
1份0.1%甲基橙水溶液 1份0.25%靛蓝二磺酸钠水溶液	4.1	灰色	紫
1份0.2%溴甲酚绿乙醇溶液 1份0.4%甲基红乙醇溶液	4.8	灰紫色	紫红
3份0.1%溴甲酚绿乙醇溶液 1份0.2%甲基红乙醇溶液	5.1	灰色	紫红
1份0.1%溴甲酚绿钠盐水溶液 1份0.1%氯酚红钠水溶液	6.1	蓝紫色	黄绿
1份0.1%中性红乙醇溶液 1份0.1%亚甲基蓝乙醇溶液	7.0	紫蓝色	蓝紫
1份0.1%甲酚红钠盐水溶液 3份0.1%百里酚蓝钠盐水溶液	8.3	pH8.2 玫瑰红 pH8.4 清晰的紫色	黄
1份0.1%酚酞乙醇溶液 2份0.1%甲基绿乙醇溶液	8.9	浅蓝	绿
1份0.1%酚酞乙醇溶液 1份0.1%百里酚酞乙醇溶液	9.9	pH9.6 玫瑰红 pH10 紫色	无

另一种混合指示剂,是以某种惰性染料(如亚甲基蓝,靛蓝二磺酸钠等)作为指示剂变色的背衬,也是利用两种颜色叠合及互补作用来提高颜色变化的敏锐性。

2.2.5　指示剂的选择原则

指示剂的 pK_{In} 应尽可能与滴定反应的化学计量点的 pH 一致,即要使指示剂的变色范围部分或全部落在滴定曲线的突跃范围之内。因此,滴定曲线上化学计量点(sp)附近的滴定突跃越大,可供选择的指示剂就越多。

一般粗略来说,强碱滴定弱酸,化学计量点(sp)处于弱碱性,选酚酞等碱性范围的指示剂作指示剂;强酸滴定弱碱,化学计量点(sp)处于弱酸性,选甲基红等酸性范围的指示剂作指示剂。

2.3　酸碱滴定法的原理分析

2.3.1　强酸强碱的滴定曲线

1. 滴定过程中的 pH 计算

例如,以 $0.1000 mol \cdot L^{-1}$ 的 NaOH 溶液滴定 20.00mL 0.1000mol $\cdot L^{-1}$ 的 HCl 溶液。

①滴定开始前,溶液的 pH 值取决于剩余的 HCl 的原始浓度。

$$[H^+]=0.1000 mol \cdot L^{-1} \quad pH=1.00$$

②滴定开始至化学计量点前,溶液的 pH 值取决于剩余的 HCl 溶液的量。

$$[H^+]=0.1000\times\frac{20.00-19.98}{20.00+19.98}=0.1000\times\frac{2.00}{20.00+18.00}$$
$$=5.3\times 10^{-3}(mol \cdot L^{-1})$$
$$pH=2.28$$

如加入 19.98mL NaOH 时,剩余 HCl 0.02mL:

③化学计量点时,pH=7.00

④化学计量点后,溶液的 pH 值取决于过量的 NaOH 的量。

$$[OH^-]=c_{NaOH}\frac{V_{NaOH}-20.00}{V_{NaOH}+20.00}$$

如加入 20.02mL NaOH 时,NaOH 过量 0.02mL。

$$[OH^-]=0.1000\times\frac{0.02}{20.00+20.02}=5.0\times10^{-5}(mol\cdot L^{-1})$$

$$pOH=4.30\quad pH=9.70$$

2. 滴定突跃及其影响因素

(1)滴定突跃

随着 NaOH 溶液的不断加入,溶液中[H^+]不断降低,pH 值逐渐升高,求出加入不同量 NaOH 溶液时溶液的 pH 值,从而得到滴定曲线(V-pH)。在化学计量点前后±0.1%范围内,NaOH 溶液仅差 0.04mL,不过 1 滴左右,但溶液的 pH 值却从 4.30 突然升高到 9.70,因此把化学计量点前后±0.1%范围内 pH 值的急剧变化称为"滴定突跃"。[1]

根据滴定曲线上近似垂直的滴定突跃的范围,可以选择适当的指示剂:指示剂的变色范围应处于或部分处于化学计量点附近的滴定突跃范围内。

(2)滴定突跃范围的影响因素

滴定突跃范围随着滴定剂和被测物的浓度变化而变化。如以 0.1000mol·L^{-1} 的 NaOH 溶液滴定 20.00mL 0.1000mol·L^{-1} 的 HCl 溶液,pH 值突跃范围为 4.3~9.7;当 NaOH 溶液和 HCl 溶液的浓度都增大 10 倍,突跃范围为 3.3~10.7,增 2 个 pH 单位;而当 NaOH 溶液和 HCl 溶液的浓度都减为原来的 1/

---

[1] 吴俊森.水分析化学精讲精练.北京:化学工业出版社,2009.

10时,突跃范围为5.3~8.7,减2个pH单位。[①]

因此,强酸(碱)溶液越浓,滴定曲线上化学计量点(sp)附近的滴定突跃范围越大,指示剂的选择就越方便;强酸(碱)溶液越稀,滴定曲线上化学计量点(sp)附近的滴定突跃越小,指示剂的选择越受限制。

2.3.2 强碱滴定弱酸和弱酸滴定强碱

1. 滴定反应常数

在滴定分析中,需引入一个滴定反应常数 K_t,如强酸强碱的滴定反应常数 $K_t = 10^{14.00} = \dfrac{1}{K_w}$,滴定反应进行得非常完全。但对强碱(或强酸)滴定弱酸(或弱碱)则不然。如

强碱(OH^-)滴定弱酸(HB)的滴定反应:

$$HB + OH^- \rightleftharpoons H_2O + B^-$$

$$K_t = \frac{[B^-]}{[HB][OH^-]} = K_b^{-1} = \frac{K_a}{K_w}$$

强酸(H^+)滴定弱碱(B)的滴定反应:

$$B + H^+ = BH^+$$

$$K_t = \frac{[BH^+]}{[B][H^+]} = K_a^{-1} = \frac{K_b}{K_w}$$

而弱酸(HB)和弱碱(B)互相滴定时:

$$HB + B = BH^+ + B^-$$

$$K_t = \frac{[BH^+][B^-]}{[HB][B]} = \frac{K_a K_b}{K_w}$$

可见,由于弱酸 K_a 与弱碱 K_b 均小于1,则必有

$$1/K_w > K_a/K_w (或 K_b/K_w) > K_a K_b / K_w$$

所以强碱滴定弱酸或强酸滴定弱碱时,只有 K_a 或 K_b 较大时,滴定反应才进行的较完全,但仍不如强碱强酸互相滴定那么

---

① 宋吉娜. 水分析化学. 北京:北京大学出版社,2013.

完全,而弱酸弱碱互相滴定时就更不完全了。

强碱滴定一元弱酸,多用 NaOH 滴定 HAc、甲酸 HCOOH、乳酸 CH₃CHOHCOOH 和吡啶盐 PyH⁺ 等有机酸。

2. 滴定曲线

现以 $0.1000\text{mol} \cdot \text{L}^{-1}$ NaOH 滴定 20.00mL $0.1000\text{mol} \cdot \text{L}^{-1}$ HAc 为例进行讨论。这一类型滴定的酸碱反应为

$$OH^- + HAc = Ac^- + H_2O$$

(1)滴定前

因为是弱酸(HAc)溶液,且 $C_{HAc}/K_a > 500$,所以

$$[H^+] = \sqrt{K_a C_{HAc}} = \sqrt{1.8 \times 10^{-5} \times 0.1000}\ \text{mol} \cdot \text{L}^{-1} = 1.34 \times 10^{-3}\ \text{mol} \cdot \text{L}^{-1}$$

$$pH = 2.87$$

(2)滴定开始至化学计量点前

有羽绒业中未反应的 HAc 和产物 NaAc 组成缓冲体系,所以可采用近似公式计算溶液的 pH 值:

$$pH = pK_a - \lg \frac{[HAc]}{[Ac^-]}$$

当滴入 NaOH 溶液 79.98mL(剩余 HAc 溶液的体积为 0.02mL)时:

$$[HAc] = \frac{0.02 \times 0.100}{20.00 + 19.98}\text{mol} \cdot \text{L}^{-1} = 5.03 \times 10^{-5}\ \text{mol} \cdot \text{L}^{-1}$$

$$[Ac^-] = \frac{19.98 \times 0.1000}{20.00 + 19.98}\text{mol} \cdot \text{L}^{-1} = 5.00 \times 10^{-2}\ \text{mol} \cdot \text{L}^{-1}$$

$$pH = -\lg 1.8 \times 10^{-5} - \lg \frac{5.03 \times 10^{-5}}{5.00 \times 10^{-2}} = 7.74$$

(3)化学计量点时

当滴入 NaOH 溶液 20.00mL 时,HAc 全部被中和,生成 NaAc,由于 Ac^- 是弱碱,其 $C_{Ac} = \frac{0.1 \times 20.00}{20.00 + 20.00} = 0.0500\ \text{mol} \cdot \text{L}^{-1}$,且 $C_{Ac^-}/K_b > 500$,所以

$$[OH^-]=\sqrt{K_b C_{Ac^-}}=\sqrt{\frac{K_w}{K_a}C_{Ac^-}}=\sqrt{\frac{1.0\times10^{-14}}{1.8\times10^{-5}}\times0.0500}$$

$\text{mol}\cdot\text{L}^{-1}=5.3\times10^{-6}\text{mol}\cdot\text{L}^{-1}$

$$\text{pOH}=5.28$$
$$\text{pH}=14-5.28=8.72$$

(4)化学计量点之后

由于过量 NaOH 的存在,抑制了 Ac^- 的解离,此时溶液的 pH 值取决于过量的 NaOH。计算方法与强碱滴定强酸相同。

例如,滴入 NaOH 溶液 20.02mL（过量 NaOH 体积为 0.02mL）,则

$$[OH^-]=0.1000\times\frac{0.02}{20.00+20.02}\text{mol}\cdot\text{L}^{-1}=5.0\times10^{-5}\text{mol}\cdot\text{L}^{-1}$$

$$\text{pOH}=4.30$$
$$\text{pH}=14.00-4.30=9.70$$

如此逐一计算,将计算结果列于表 2-3 中,并根据计算结果绘制滴定曲线,如图 2-2 所示。

表 2-3　用 0.1000mol·L^{-1} 的 NaOH 滴定 20.00mL0.1000mol·L^{-1}HAc

加入 NaOH/mL	中和百分数	剩余 HAc/mL	过量 NaOH/mL	pH	
0.00	0.00	20.00		2.87	
18.00	90.00	2.00		5.70	
19.80	99.00	0.20		6.74	
19.98	99.90	0.02		7.74	突跃范围
20.00	100.0	0.00		8.72	
20.02	100.1		0.02	9.70	
20.20	101.0		0.20	10.70	
22.00	110.0		2.00	11.70	
40.00	200.0		20.00	12.50	

从表 2-3 和图 2-2 中可以看出,由于 HAc 是弱酸,滴定开始前,溶液中[H^+]较低,pH 值较 NaOH 滴定 HCl 时高。滴定开始后,溶液的 pH 值升高较快,这是由于生成的 Ac^- 产生同离子效应,使 HAc 更难离解,[H^+]迅速降低的缘故。但在继续滴入 NaOH 溶液后,由于 NaAc 的不断生成,在溶液中形成了 HAc—NaAc 的缓冲体系,使溶液的 pH 值增加较慢。[1] 因此,滴定曲线中的这一段曲线较为平坦。当滴定接近化学计量点时,由于溶液中剩余的 HAc 已很少,溶液的缓冲能力已逐渐减弱,于是,随着 NaOH 溶液的不断滴入,溶液 pH 值的升高逐渐变快。达到化学计量点时,在其附近出现 pH 突跃,其突跃范围是 7.74～9.70。由于突跃范围处于碱性范围内,所以可选用酚酞、百里酚酞和百里酚蓝等作指示剂[2]。

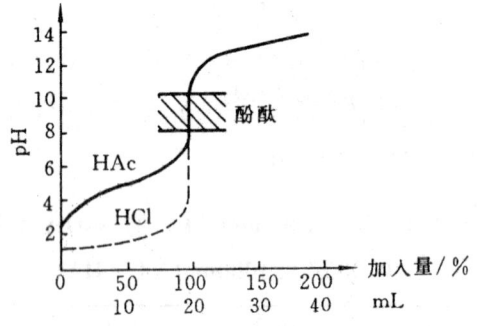

图 2-2 0.1000mol·L^{-1}NaOH 滴定 0.1000mol·L^{-1}HAc 的滴定曲线

用一定浓度的 NaOH 溶液滴定不同强度的弱酸时,滴定的突跃范围的大小与弱酸的 K_a 值和浓度有关。从图 2-3 的滴定曲线中可以看出,当酸的浓度一定时,K_a 值愈大,则滴定的突跃范围也愈大。当 $K_a \leqslant 10^{-9}$ 时,已经没有明显的突跃了。在这种情况下,已无法利用一般的酸碱指示剂确定它的滴定终点。另

---

[1] 吴俊森. 水分析化学精讲精练. 北京:化学工业出版社,2009.
[2] 濮文虹,刘光虹,喻俊芳. 水质分析化学. 武汉:华中科技大学出版社,2004.

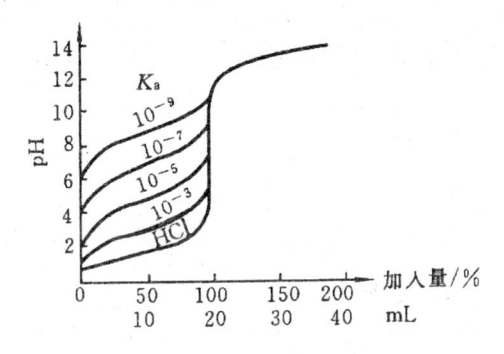

第 2 章 酸碱滴定法及其在水质分析中的应用

图 2-3 0.1000mol·L⁻¹NaOH 滴定 0.1000mol·L⁻¹
各种强度的酸的滴定曲线

一方面,当 K_a 值一定时,酸的浓度愈大,突跃范围也愈大。① 实践证明,要使人眼借助指示剂准确判断滴定的终点,溶液的 pH 突跃(ΔpH)应在 0.3 个 pH 单位以上。对于弱酸的滴定,只有当弱酸的 $CK_a \geqslant 10^{-8}$ 时,才能满足这一要求。因此,通常以 $CK_a \geqslant 10^{-8}$ 作为判断弱酸能否准确进行滴定的界限。在这个条件下,当滴定的相对误差 $\leqslant \pm 0.2\%$(即 ± 1 滴)时,就可使 pH 突跃超过 0.3 个 pH 单位。此时,人眼才可辨别出指示剂颜色的改变,滴定就可以直接进行。② 例如 HCN,因为 $K_a = 6.2 \times 10^{-10}$,即使其浓度为 1mol·L⁻¹,也不能按通常的办法准确进行酸碱滴定。然而,对于有些极弱的酸,有时仍可采用适当的办法准确进行滴定。例如,硼酸为一级弱酸,因为 $K_a = 5.7 \times 10^{-10}$,所以个直接准确进行滴定。但如果使弱酸强化,即在硼酸溶液中加入大量甘油或甘露醇等多羟基化合物,使其与硼酸生成一种较稳定的络合酸,K_a 值增大($K_a \approx 8 \times 10^{-6}$,与多羟基化合物浓度有关),酸性增强,则可用 NaOH 准确进行滴定。

---

① 王国惠. 水分析化学. 北京化学工业出版社,2009.
② 王有志. 水质分析技术. 北京:化学工业出版社,2007.

2.3.3 多元酸碱和混合酸碱滴定

1. 多元酸的滴定

(1)滴定曲线

用 0.1000mol·L^{-1} NaOH 溶液滴定等浓度 H_3PO_4 溶液为例。

$$H_3PO_4 \rightleftharpoons H^+ + H_2PO_4^- \quad pK_{a1}=2.12$$
$$H_2PO_4^- \rightleftharpoons H^+ + HPO_4^{2-} \quad pK_{a2}=7.20$$
$$HPO_4^{2-} \rightleftharpoons H^+ + PO_4^{3-} \quad pK_{a3}=12.36$$

首先 H_3PO_4 被中和,生成 $H_2PO_4^-$,出现第一个化学计量点 sp_1,形成第一个突跃,按两性物质($H_2PO_4^-$)计算 sp_1 时的 pH 值。

$$[H^+]=\sqrt{\frac{K_{a1}K_{a2}c}{K_{a1}+c}}=\left(\sqrt{\frac{10^{-2.12}\times 10^{-7.20}\times 0.050}{10^{-2.12}}}\right)mol\cdot L^{-1}$$
$$=2.0\times 10^{-5} mol\cdot L^{-1}$$

然后继续用碱滴定,$H_2PO_4^-$ 被中和,生成 $H_2PO_4^-$,出现第二个化学计量点 sp_2,形成第二个突跃。

$$[H^+]=\sqrt{\frac{K_{a2}K_{a3}(c+K_w)}{K_{a2}+c}}=2.2\times 10^{-10} mol\cdot L^{-1}$$
$$pH=9.66$$

$H_2PO_4^-$ 的太小,$cK_{a3}\leqslant 10^{-8}$,不能直接滴定,所以无第三个突跃。

(2)多元酸分步滴定的条件

用强碱滴定多元酸,化学计量点附近的滴定突跃与该酸相邻两级释放或接受质子的能力是否有足够的差距有关(一般用相邻的两级离解常数的比值大小判断,即 $K_{a_i}/K_{a_{i+1}}>10^4$),差距越大越利于分开滴定。[①]

多元酸能否分步滴定,首先根据判别式 $cK_{ai}\geqslant 10^{-8}$ 判断 i

[①] 夏淑梅. 水分析化学. 北京:北京大学出版社,2012.

级离解的 H^+ 能否满足目视直接滴定的条件,然后再根据分步滴定判别式 $K_{a_i}/K_{a_{i+1}}>10^4$ 判断,满足此条件,则判断 $i+1$ 级离解的 H^+ 对 i 级离解的 H^+ 不干扰,两个滴定突跃分开,能实现分步滴定;否则,$i+1$ 级离解的 H^+ 对 i 级离解的 H^+ 有干扰,两个滴定突跃则合并为一个突跃,无法实现分步滴定,滴定的是总的 H^+。

所以,对二元酸,要进行分步滴定必须满足下列条件:

$$\begin{cases} cK_{a1} \geqslant 10^{-8} \\ K_{a1}/K_{a2} > 10^4 \end{cases} 或 \begin{cases} c_0 K_{a1} \geqslant 10^{-9} \\ K_{a1}/K_{a2} > 10^4 \end{cases}$$

c 为算的起始浓度;$E_T \leqslant 1\%$

对多元酸:

① 是否每步都满足 $cK_{a_i} \geqslant 10^{-8}$,若满足,则滴定中多元酸能释放全部质子数。

② 同时,是否相邻两级满足 $K_{a_i}/K_{a_{i+1}}>10^4$,若满足,则滴定曲线的突跃个数等于多元酸释放的质子数,能实现多步滴定。

若只满足第一条,不满足第二条,则滴定曲线的突跃个数不等于多元酸释放的质子数,又等于终点个数,不能完全实现分步滴定。

2. 混合酸滴定

如两种弱酸(HA+HB)混合,情况与多元酸相似。若进行分别滴定,测定其中较强拘一种弱酸(如 HA),需要满足下列条件:

$$c_{HA_0} K_{HA} \geqslant 10^{-9}$$
$$c_{HA} K_{HA}/c_{HB} K_{HB} > 10^4$$

3. 多元碱滴定

多元碱的分布滴定与多元酸的分布滴定相似。

2.4 酸碱滴定的终点误差

2.4.1 利用滴定终点和计量点时物质的量计算终点误差

利用滴定终点时所加滴定剂的物质的量与计量点时所需要的物质的量之差,占计量点时所需要滴定剂的物质的量的百分比求算终点误差,用 $TE(\%)$ 表示。

$$TE = \frac{CV_{ep} - CV_{sp}}{CV_{sp}} \times 100\%$$

$$= \frac{CV_{ep} - C_0 V_0}{C_0 V_0} \times 100\%$$

式中,C 为滴定剂的物质的量浓度,mol/L;C_0 为被测定物质的量浓度,mol/L;V_{ep} 为滴定终点时消耗滴定剂的体积,mL;计量点时,$CV_{sp} = C_0 V_0$,mmol;滴定终点时,CV_{ep},mmol。

1. 强碱滴定强酸时

$$TE = \frac{[OH^-]_{ep} - [H^+]_{ep}}{C_{HCl,sp}} \times 100\%$$

式中,$[OH^-]_{ep}$、$[H^+]_{ep}$ 和 $C_{HCl,sp}$ 分别为滴定终点时溶液中 OH^-、H^+ 和 HCl 的浓度,且 $C_{HCl,ep} \approx C_{HCl,sp}$。

2. 强碱滴定弱酸时

$$TE = \frac{\{[OH^-\%]_{ep} - ([H^+]_{ep} + [HB]_{ep})\}}{C_{HB,sp}} \times 100\%$$

$$= \frac{[OH]_{ep} - [HB]_{ep}}{C_{HB,sp}} \times 100\%$$

或

$$TE = \left(\frac{[OH]_{ep}}{C_{HB,sp}} - \delta_{HB,ep}\right) \times 100\%$$

一般,滴定终点时溶液为弱碱性,$[H^+]_{ep}$ 很小可以忽略。

滴定终点时弱酸(HB)的平衡浓度 $[HB]_{ep}$,可由分布分数求得。但在终点误差的计算中,一般由有关解离平衡关系式近似求得。

$$[HB]_{ep} = \frac{[H^+]_{ep} C_{HB,ep}}{K_a}$$

滴定终点时,可近似认为 $C_{HB,ep} \approx C_{HB,sp}$。

3. 强碱滴定多元酸时

与推导一元弱酸滴定终点误差计算公式类似。如以 NaOH—H_3PO_4 滴定体系为例。

第一计量点时的终点误差为

$$TE_{sp_1} = \frac{[OH^-]_{ep_1} - [H^+]_{sp_1} + [HPO_4^{2-}]_{ep_1} + [H_3PO_4]_{ep_1}}{C_{H_3PO_4,sp_1}} \times 100\%$$

或

$$TE_{sp_1} = \left(\frac{[OH^-]_{ep_1} - [H^+]_{ep_1}}{C_{H_3PO_4,sp_1}} + \delta_{HPO_4^{2-},ep_1} - \delta_{H_3PO_4,ep_1} \right) \times 100\%$$

(因第一计量点附近 $2\delta_{PO_4^{3-}}$ 极小,式中已忽略)

第二计量点时的终点误差为

$$TE_{sp_2} = \frac{1}{2} \times \frac{[OH^-]_{ep_2} - [H^+]_{ep_2} + [PO_4^{3-}]_{ep_2} - [H_2PO_4^-]_{ep_2}}{C_{H_3PO_4,sp_2}} \times 100\%$$

或

$$TE_{sp_2} = \frac{1}{2} \times \left(\frac{[OH^-]_{ep_2} - [H^+]_{ep_2}}{C_{H_3PO_4,sp_2}} + \delta_{PO_4^{3-},ep_2} - \delta_{H_2PO_4^-,ep_2} \right) \times 100\%$$

(因为第二计量点时附近 $2\delta_{H_3PO_4}$ 极小,可忽略)

可见,对多元酸的滴定除了要计算滴定终点时溶液中的 $[OH^-]_{ep}$、$[H^+]_{ep}$ 和 $C_{H_3PO_4,ep}$ 外,还应计算 H_3PO_4 各种型体的分布分数。但在终点误差计算中,滴定终点时的平衡浓度 $[HPO_4^{2-}]_{ep_1}$、$[H_3PO_4]_{ep_1}$、$[PO_4^{3-}]_{ep_2}$ 和 $[H_2PO_4^-]_{ep_2}$ 可分别由下式近似计算出:

$$[HPO_4^{2-}]_{ep_1} = \frac{K_{a_2}[H_2PO_4^-]_{ep_1}}{[H^+]_{ep_1}} = \frac{K_{a_2} C_{H_3PO_4,sp_1}}{[H^+]_{ep_1}}$$

$$[H_3PO_4]_{ep_1} = \frac{[H^+]_{ep_1}[H_2PO_4^-]_{ep_1}}{K_{a_1}} = \frac{[H^+]_{ep_1} C_{H_3PO_4, sp_1}}{K_{a_1}}$$

$$[PO_4^{3-}]_{ep_2} = \frac{K_{a_3}[HPO_4^{2-}]_{ep_2}}{[H^+]_{ep_2}} = \frac{K_{a_3} C_{H_3PO_4, sp_2}}{[H^+]_{ep_2}}$$

$$[H_2PO_4^{2-}]_{ep_2} = \frac{[H^+]_{ep_2}[HPO_4^{2-}]_{ep_2}}{K_{a_2}} = \frac{[H^+]_{ep_2} C_{H_3PO_4, sp_2}}{K_{a_2}}$$

2.4.2 利用林邦(Ringbom)误差公式求算终点误差

1. 强碱滴定强酸的终点误差

$$E_t = \frac{10^{\Delta pH} - 10^{-\Delta pH}}{\sqrt{\frac{1}{K_w} c_{HCl}^{ep}}}$$

2. 强碱滴定一元弱酸的终点误差

$$E_t = \frac{10^{\Delta pH} - 10^{-\Delta pH}}{\sqrt{\frac{K_a}{K_w} c_{HCl}^{ep}}}$$

3. 强碱滴定多元酸的终点误差

$$E_t = \frac{10^{\Delta pH} - 10^{-\Delta pH}}{\sqrt{\frac{K_{a_i}}{K_{a_i+1}} c_{HCl}^{ep}}}$$

式中,$\Delta pH = pH_{ep} - pH_{sp}$。

2.5 酸碱滴定法在水质分析中的应用

2.5.1 碱度的测定

1. 碱度的组成及测定意义

水的碱度是指水中所含能与强酸定量反应的物质总量。
水中碱度的来源较多,天然水体中的碱度基本上是碳酸盐、重碳酸盐及氢氧化物含量的函数,所以碱度可分为氢氧化物(OH^-)碱度、碳酸盐(CO_3^{2-})碱度和重碳酸盐(HCO_3^-)碱度分别进行测定,也可同时测定氢氧化物与碳酸盐碱度(OH^- + CO_3^{2-})、碳酸盐与重碳酸盐碱度(CO_3^{2-} + HCO_3^-)。如天然水体中繁生大量藻类,剧烈吸收水中 CO_2,使水有较高 pH,主要有碳酸盐碱度,一般 pH<8.3 的天然水中主要含有重碳酸盐碱度,略高于 8.3 的弱碱性天然水可同时含有重碳酸盐和碳酸盐碱度,pH>10 时主要是氢氧化物碱度。总碱度被当作这些成分浓度的总和。当水中含有硼酸盐、磷酸盐或硅酸盐等时,则总碱度的测定值也包含它们所起的作用。

某些工业废水如造纸、制革、化学纤维、制碱等企业排放的生产废水可能含有大量的强碱,其碱度主要是氢氧化物或碳酸盐。在排入水体之前必须进行中和处理。在给水处理如水的凝聚澄清和水的软化处理以及废水好氧厌氧处理设备运行中,碱度的大小是个重要的影响因素。在其他复杂体系的水体中,还含有有机碱类如 $C_6H_5NH_2$、金属水解性盐类等。在这些情况下用普通的方法不易辨别各种成分,需要测定总碱度。碱度成为一种水质的综合性指标,代表能被强酸滴定物质的总和。

碱度对水质特性有多方面的影响,常用于评价水体的缓冲能力及金属在其中的溶解性和毒性,同时也是给水和废水处理过程、设备运行、管道腐蚀控制的判断性指标,所以碱度的测定在工程设计、运行和科学研究中有着重要的意义。

2. 碱度的测定

水中碱度的测定除可用酸碱指示剂滴定法外,还可采用电位滴定法。

酸碱指示剂滴定测定水中碱度的具体方法有连续滴定法和分别滴定法,介绍如下:

(1)连续滴定法

取一份水样,首先以酚酞为指示剂,用酸标准溶液滴定至终点后,接着以甲基橙为指示剂,再用酸标准溶液滴定至终点,根据前后两个滴定终点消耗的酸标准溶液的量计算水样中 OH^-、CO_3^{2-} 和 HCO_3^- 碱度组成及其含量的方法为连续滴定法。令以酚酞为指示剂滴定至终点,消耗酸标准溶液的量为 $P(mL)$;再以甲基橙为指示剂滴定至终点,消耗酸标准溶液的量为 $M(mL)$。

由于天然水中的碱度主要有氢氧化物(OH^-)、碳酸盐(CO_3^{2-})和碳酸氢盐(HCO_3^-)三种碱度来源,因此,用酸标准溶液滴定时的主要反应如下所示。

氢氧化物碱度:

$$OH^- + H^+ \rightleftharpoons H_2O$$

碳酸盐碱度:

$$\frac{CO_3^{2-} + H^+ \rightleftharpoons HCO_3^-}{HCO_3^- + H^+ \rightleftharpoons CO_2\uparrow + H_2O}$$
$$CO_3^{2-} + 2H^+ \rightleftharpoons CO_2\uparrow + H_2O$$

碳酸氢盐碱度:

$$HCO_3^- + H^+ \rightleftharpoons CO_2\uparrow + H_2O$$

可见,CO_3^{2-} 与 H^+ 的反应分两步进行,第一步反应完成时,pH 在 8.3 附近,此时恰好酚酞变色,所用酸的量又恰好是为完全滴定 CO_3^{2-} 所需总量的一半。

当水样首先加酚酞为指示剂,用酸标准溶液滴定至终点时,溶液由桃红色变为无色,pH 在 8.3 附近,所消耗的酸标准溶液的量用 P(mL) 表示。此时水样中的酸碱反应包括两部分,即

$$OH^- + H^+ \rightleftharpoons H_2O$$
$$CO_3^{2-} + H^+ \rightleftharpoons HCO_3^-$$

也就是说,这两部分含有 OH^- 碱度和 $\frac{1}{2}CO_3^{2-}$ 碱度,故

$$P = OH^- + \frac{1}{2}CO_3^{2-}$$

一般,以酚酞为指示剂,滴定的碱度为酚酞碱度(即强碱碱度)。

接着以甲基橙为指示剂用酸标准溶液滴定至终点,此时溶液由橘黄色变成橘红色,pH≈4.4,所用酸标准溶液的量用 M(mL)表示。此时水样中的酸碱反应为

$$HCO_3^- + H^+ \rightleftharpoons CO_2\uparrow + H_2O$$

这里的 HCO_3^- 包括水样中原来的 HCO_3^- 和另一半 CO_3^{2-} 与 H^+ 反应产生的 HCO_3^-。即

$$M = HCO_3^- + \frac{1}{2}CO_3^{2-}$$

（原有的）

因此,总碱度(T)等于 $P+M$。根据 P、M 的量,可计算出水中 OH^-、CO_3^{2-} 和 HCO_3^- 碱度及总碱度。

应该指出,总碱度也可以这样求得:水样直接以甲基橙为指示剂,用酸标准溶液滴定至终点时(pH≈4.4),所消耗酸标准溶液的量用 T 表示。此时水中碱度为甲基橙碱度,又称总碱度,它包括水样中的 OH^-、CO_3^{2-} 和 HCO_3^- 碱度的全部总和,$T=P+M$。

①水样中只有 OH^- 碱度:一般 pH>10

$$P>0, M=0$$

P 包括全部 OH^- 和 $\frac{1}{2}CO_3^{2-}$,但由于 $M=0$,说明即无 CO_3^{2-},也无 HCO_3^-,则

$$OH^- = P, 总碱度 T = P$$

②水样中有 OH^- 和 CO_3^{2-} 碱度:一般 pH>10

$$P>M$$

P 包括 OH^- 和 $\frac{1}{2}CO_3^{2-}$ 碱度,M 为另一半 CO_3^{2-} 碱度,则

$$OH^- = P - M$$
$$CO_3^{2-} = 2M$$
$$T = P + M$$

③水样中有 CO_3^{2-} 和 HCO_3^- 碱度:一般 pH=8.5~9.5 之间

$$P<M$$

P 为 $\frac{1}{2}CO_3^{2-}$ 碱度，M 为另一半 CO_3^{2-} 和原来的 HCO_3^- 碱度

故

$$CO_3^{2-} = 2P$$
$$HCO_3^- = M - P$$
$$T = P + M$$

④水样中只有 CO_3^{2-} 碱度：一般 pH>9.5

$$P = M$$

P 为 $\frac{1}{2}CO_3^{2-}$ 碱度，M 为另一半 CO_3^{2-} 碱度

$$CO_3^{2-} = 2P = 2M$$
$$T = 2P = 2M$$

⑤水样中只有 HCO_3^- 碱度：一般 pH<8.3

$$P = 0, M > 0$$

$P=0$ 说明水样中无 OH^- 和 CO_3^{2-} 碱度，只有 HCO_3^- 碱度

故

$$HCO_3^- = M$$
$$T = M$$

(2)分别滴定法

分别滴定法除可采用酚酞和甲基橙作指示剂外，还经常采用两种混合指示剂：百里酚蓝(pH=1.2~2.8，红~黄)与甲酚红(pH=7.2~8.8，黄~红)混合指示剂，变色点 pH=8.3，终点为黄色；溴甲酚绿(pH=4.0~5.6，黄~绿)和甲基红(pH=4.4~6.2，红~黄)混合指示剂，变色点 pH=4.8，终点为浅灰紫色。

滴定时，分别取两份体积相同的水样，其中一份水样采用百里酚蓝-甲酚红混合指示剂。以 HCl 标准溶液滴定至终点时，溶液由紫色变为黄色，变色点 pH=8.3，消耗 HCl 标准溶液的量为 $V_{pH8.3}$(mL)，即强碱碱度(等于酚酞碱度)。它包括：

$$V_{pH8.3} = OH^- + \frac{1}{2}CO_3^{2-}$$

另一份水样以溴甲酚绿－甲基红为指示剂,用 HCl 标准溶液滴定至终点时,溶液由绿色转变为浅灰紫色,变色点 pH=4.8,消耗 HCl 标准溶液的量为 $V_{pH4.8}$(mL),即总碱度(T)。它包括:

$$V_{pH4.8} = OH^- + \frac{1}{2}CO_3^{2-} + \frac{1}{2}CO_3^{2-} + HCO_3^-$$

根据 $V_{pH8.3}$ 与 $V_{pH4.8}$ 可判断水中 OH^-、CO_3^{2-} 和 HCO_3^- 碱度组成并计算各种碱度的含量。

① 水样中只有 OH^- 碱度:

$$V_{pH8.3} = V_{pH4.8}$$

则

$$OH^- = V_{pH8.3} = V_{pH4.8}$$

② 水样中有 OH^- 和 CO_3^{2-} 碱度:

$$V_{pH8.3} > V_{pH4.8}$$

这里 $V_{pH8.3}$ 包括 $OH^- + \frac{1}{2}CO_3^{2-}$,而 $V_{pH4.8}$ 包括 $OH^- + \frac{1}{2}CO_3^{2-} + \frac{1}{2}CO_3^{2-}$ 故

$$OH^- = 2V_{pH8.3} - V_{pH4.8}$$
$$CO_3^{2-} = 2(V_{pH4.8} - V_{pH8.3})$$

③ 水样中有 CO_3^{2-} 和 HCO_3^- 碱度:

$$V_{pH8.3} < \frac{1}{2}V_{pH4.8}$$

这里

$$V_{pH8.3} = \frac{1}{2}CO_3^{2-}$$

$$V_{pH4.8} = \frac{1}{2}CO_3^{2-} + \frac{1}{2}CO_3^{2-} + HCO_3^-$$

则

$$CO_3^{2-} = 2V_{pH8.3}$$
$$HCO_3^- = V_{pH4.8} - 2V_{pH8.3}$$

④水样中只有 CO_3^{2-} 碱度：

$$V_{pH8.3} = \frac{1}{2}V_{pH4.8}$$

显然

$$V_{pH8.3} = \frac{1}{2}CO_3^{2-}$$

$$V_{pH4.8} = \frac{1}{2}CO_3^{2-} + \frac{1}{2}CO_3^{2-}$$

则

$$CO_3^{2-} = 2V_{pH8.3} = V_{pH4.8}$$

⑤水样中只有 HCO_3^- 碱度：

$$V_{pH8.3} = 0$$

$$V_{pH4.8} > 0$$

$V_{pH8.3}$ 为零，说明水中既无 OH^- 也无 CO_3^{2-}，所以

$$HCO_3^- = V_{pH4.8}$$

3. 碱度单位及其表示方法

①以 CaO(mg/L) 和 $CaCO_3$(mg/L) 表示，则

$$总碱度(CaO 计, mg/L) = \frac{cT \times 28.04}{V} \times 1000$$

$$总碱度(CaCO_3 计, mg/L) = \frac{cT \times 50.05}{V} \times 1000$$

式中，c 为 HCl 标准溶液浓度，mg/L；28.04 为氧化钙的摩尔质量($\frac{1}{2}$CaO)，g/mol；50.05 为碳酸钙摩尔质量($\frac{1}{2}CaCO_3$)，g/mol；V 为水样体积，mL；T 为以甲基橙为指示剂滴定至终点时消耗 HCl 标准溶液的量，mL，即总碱度。

②以 mol/L 表示。监督若以 HCl 标准溶液为滴定剂，用 mol/L 表示时，应注明各碱度的基本单元，如 OH^- 碱度(OH^-, mol/L)、CO_3^{2-} 碱度($\frac{1}{2}CO_3^{2-}$, mol/L)、HCO_3^- 碱度(HCO_3^-, mol/L)。

③用 mg/L 表示。碱度以 mg/L 表示，在计算时，各碱度物

质采用的摩尔质量：OH^- 为 17g/mol，$\frac{1}{2}CO_3^{2-}$ 为 30g/mol，HCO_3^- 为 61g/mol。由此可分别表示 OH^- 的碱度、CO_3^{2-} 的碱度和 HCO_3^- 的碱度。

碱度单位也有用"度"表示的。具体表示方法参见硬度的单位。

2.5.2 酸度的测定

在水中，由于溶质的解离或水解（无机酸类、硫酸亚铁和硫酸铝）而产生的氢离子，与碱标准溶液作用至一定 pH 值所消耗的量，称为酸度。产生酸度的物质主要是 H^+、CO_2 以及其他各种弱无机酸和有机酸、$Fe(H_2O)_6^{3+}$ 等。大多数天然水、生活污水和污染较轻的各种工业废水只含有弱酸。地表水溶入 CO_2。或由于机械、选矿、电镀、化工等行业排放的含酸废水污染后，致使 pH 值降低。由于酸的腐蚀性，破坏了鱼类及其他水生生物和农作物的正常生存条件，造成鱼类及农作物等死亡。含酸废水可腐蚀管道和水处理构筑物。因此，酸度也是衡量水体污染的一项重要指标。

酸度的测定是用 NaOH 标准溶液滴定，以 $CaCO_3$ mg/L 表示。根据所选择的指示剂不同，可分为两种酸度。酸度数值的大小，随所用指示剂指示终点 pH 值的不同而异。滴定终点的 pH 值有两种规定，即 3.7 和 8.3。

以甲基橙为指示剂，用氢氧化钠溶液滴定到 pH 值为 3.7 的酸度，称为"甲基橙酸度"，代表一些较强的酸，消耗氢氧化钠溶液的体积设为 V_1；以酚酞作指示剂，用氢氧化钠溶液滴定到 pH 值 8.3 的酸度，称为"酚酞酸度"，又称总酸度，它包括强酸和弱酸，消耗氢氧化钠溶液的体积设为 V_2。则酸度的计算如下：

甲基橙酸度（$CaCO_3$, mg/L）= $c(NaOH)V_1/V_水 \times 50.05 \times 1000$

酚酞酸度$(CaCO_3, mg/L) = c(NaOH)V_2/V_水 \times 50.05 \times 1000$

对酸度产生影响的溶解气体,如CO_2,H_2S,NH_3,在取样、保存或滴定时,都可能增加或损失酸度。因此,在打开试样容器后,要迅速滴定到终点,防止干扰气体溶入试样。为了防止水样中CO_2等溶解气体损失,在采样后,要避免剧烈摇动,并要尽快分析,否则要在低温下保存。

含有三价铁和二价铁、锰、铝等可氧化或容易水解的离子,在常温滴定时的反应速率很慢,且生成沉淀,导致终点时指示剂褪色。遇此情况,应在加热后进行滴定。

水样中的游离氯会使甲基橙指示剂褪色,可在滴定前加入少量0.1mol/L硫代硫酸钠溶液去除。

对有色的或浑浊的水样,可用无二氧化碳水稀释后滴定,或选用电位滴定法(指示终点的pH值仍为8.3和3.7),其操作步骤按所用仪器说明进行。

氢氧化钠标准溶液(0.1mol/L)的标定:

称取60g氢氧化钠溶于50mL水中,转入150mL的聚乙烯瓶中,冷却后,用装有碱石灰管的橡皮管塞紧,静置24h以上。吸取上层清液约7.5mL置于1000mL容量瓶中,用无二氧化碳水稀释至标线,摇匀,移入聚乙烯瓶中保存。按下述方法进行标定。

称取在105℃~110℃干燥过的基准试剂级邻苯二甲酸氢钾($KHC_8H_4O_4$,简写为KHP)约0.5g(称准至0.0001g),置于250mL锥形瓶中,加无二氧化碳水100mL使之溶解,加入4滴酚酞指示剂,用待标定的氢氧化钠标准溶液滴定至浅红色为终点。同时用无二氧化碳水做空白滴定,按下式进行计算。

KHP与NaOH的滴定反应为:

$$KHP + NaOH = KNaP + H_2O$$

氢氧化钠标准溶液浓度$(mol/L) = \dfrac{m \times 1000}{(V'_0 - V_0) \times 204.2}$

式中,m为称取苯二甲酸氢钾的质量,g;V_0为滴定空白时所消耗氢氧化钠标准溶液体积,mL；V'_0 为滴定邻苯二甲酸氢钾时所消耗氢氧化钠标准溶液的体积,mL；204.2 为邻苯二甲酸氢钾的换算系数。

第 3 章　络合滴定法及其在水质分析中的应用

络合滴定法是以配位反应为基础的滴定分析方法。本章主要介绍了络合滴定法的概念及原理分析,络合滴定法中常用的指示剂和络合滴定方式及其在水质分析中的应用。

3.1　络合滴定法概述

3.1.1　概述

利用形成络合物的反应进行滴定分析的方法,称为络合滴定法。例如,测定水样中 CN^- 的含量时,可用 $AgNO_3$ 标准溶液进行滴定,Ag^+ 与 CN^- 络合形成难离解的络离子 $[Ag(CN)_2]^-$,其反应如下:

$$Ag^+ + 2CN^- \rightleftharpoons [Ag(CN)_2]^-$$

当滴定达到化学计量点时,稍过量的 Ag^+ 就与形成白色的 $Ag[Ag(CN)_2]$ 沉淀,以指示终点的到达。其反应为

$$[Ag(CN)_2]^- + Ag^+ = Ag[Ag(CN)_2] \downarrow$$

此时,由滴定中用去 $AgNO_3$ 的量,可示出 CN^- 的含量。

3.1.2　络合稳定常数

K_f 称为络合稳定常数。不同的络合物各有其一定的稳定常数。络合物的稳定常数是络合滴定中考虑问题的主要依据。从络合物的稳定常数大小可以判断络合反应完成的程度和它是否可以用于滴定分析。

同类型的络合物,根据 K_f 的大小,可以比较其稳定性。稳定常数越大,形成的络合物越稳定。例如 Ag^+ 能与 NH_3 和

CN⁻形成两种同类型的络合物,但它们的稳定常数:

$$Ag^+ + 2CN^- = [Ag(CN)_2]^- \quad K_f = 10^{21.1}$$
$$Ag^+ + 2NH_3 = [Ag(CN)_2]^+ \quad K_f = 10^{7.15}$$

显然,$[Ag(CN)_2]^-$络合离子远比$[Ag(CN)_2]^+$络合离子稳定。

又如,CN^-与Cd^{2+}的络合反应:

$$Cd^{2+} + CN^- \rightleftharpoons Cd(CN)^+ \quad K_1 = 3.5 \times 10^5$$
$$(CdCN)^+ + CN^- \rightleftharpoons Cd(CN)_2 \quad K_2 = 1.0 \times 10^5$$
$$Cd(CN)_2 + CN^- \rightleftharpoons Cd(CN)_3^- \quad K_3 = 5.0 \times 10^4$$
$$Cd(CN)_3^- + CN^- \rightleftharpoons Cd(CN)_4^{2-} \quad K_4 = 3.5 \times 10^5$$

由于各级络合物的稳定常数相差很小,在络合滴定时,容易形成配位数不同的络合物,因此,很难确定"络合比"和判断滴定终点。所以,这类络合反应不能用于络合滴定。对于这类络合物,只有当形成配位数不同的络合物的稳定常数相差较大时,而且控制反应条件才能用于络合滴定。

从上述讨论中可以看出,能够用于络合滴定的络合反应,必须具备下列条件:

①形成的络合物要相当稳定,使络合反应能够进行完全。
②在一定的反应条件下,只形成一种配位数的络合物。
③络合反应的速度要快。
④要有适当的方法确定滴定的化学计量点。

3.1.3 常见的络合剂

一般无机络合剂很难满足上述条件,而有机络合剂却往往能满足上述条件。在络合滴定中,应用最广泛的是氨羧络合剂一类的有机络合剂。它能与许多金属离子形成组成一定的稳定络合物。

氨羧络合剂是一类含有氨基($-NH_2$)和羧基($-C{\overset{O}{\underset{OH}{\diagdown}}}$)

的有机化合物。它们是以氨基二乙酸（$-N\begin{matrix}CH_2COOH\\CH_2COOH\end{matrix}$）为主体的衍生物,其通式为:$RN(CH_2COOH)_2$。

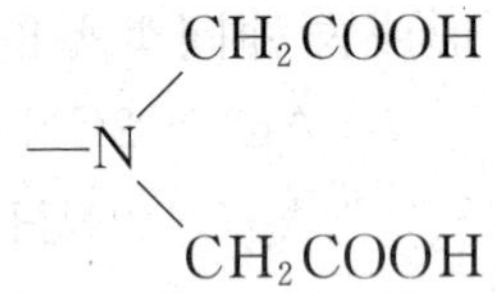

在络合滴定中,常用的氨羧络合剂有以下几种：

氨基三乙酸(简称 NTA)

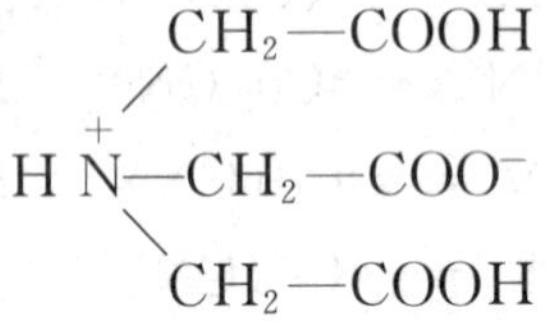

$$H\overset{+}{N}\begin{matrix}CH_2-COOH\\-CH_2-COO^-\\CH_2-COOH\end{matrix}$$

环己烷烷基四乙酸(简称 DCTA 或 CyDTA)

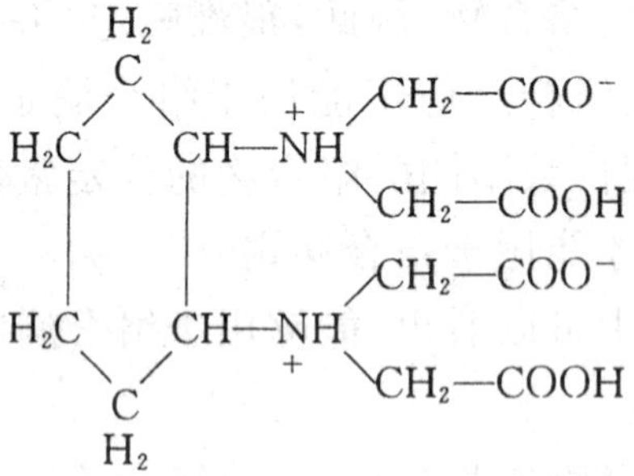

乙二胺四乙酸(简称 EDTA)

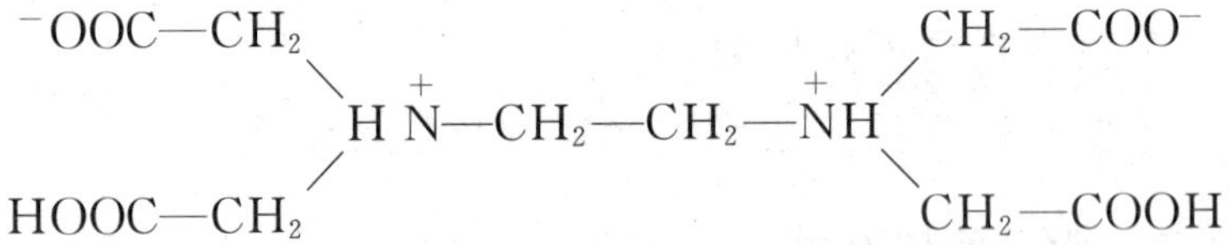

其中,EDTA 是目前应用最广泛的一种络合剂。用 EDTA 标准溶液可以滴定几十种金属离子,并可间接测定废金属离子。

3.2 氨羧络合剂

3.2.1 氨羧络合剂

目前络合滴定应用中最多的是氨羧络合剂。它是一类含有

第 3 章 络合滴定法及其在水质分析中的应用

氨基(—N＝)和羧基(—COOH)的有机络合剂，是以氨基二乙酸(—N(CH₂COOH)₂)为肢体的衍生物，其种类很多，比较重要的有以下几种：

① 氮三乙酸(简称 NTA)，其分子结构式为：

$$HOOC-CH_2-N \begin{cases} CH_2COOH \\ CH_2COOH \end{cases}$$

② 乙二胺四乙酸(简称 EDTA)，其分子结构式为：

$$\begin{array}{c} CH_2-N(CH_2COOH)_2 \\ | \\ CH_2-N(CH_2COOH)_2 \end{array}$$

③ 环己烷二胺四乙酸(简称 CDTA)，其分子结构式为：

[环己烷环，两个相邻碳上各连 N(CH₂COOH)₂]

④ 乙二胺四丙酸(简称 EDTP)，其分子结构式为：

$$\begin{array}{c} H_2C-N(CH_2-CH_2-COOH)_2 \\ | \\ H_2C-N(CH_2-CH_2-COOH)_2 \end{array}$$

⑤2-羟乙基乙二胺三乙酸(简称 HEDTA),其分子结构式为:

$$\begin{array}{c} \text{CH}_2\text{—CH}_2\text{OH} \\ \text{H}_2\text{C—N} \\ \text{CH}_2\text{—COOH} \\ \text{CH}_2\text{—COOH} \\ \text{H}_2\text{C—N} \\ \text{CH}_2\text{—COOH} \end{array}$$

⑥乙二醇二乙醚二胺四乙酸(简称 EGTA)其分子结构式为:

$$\begin{array}{c} \text{CH}_2\text{COOH} \\ \text{H}_2\text{C—O—CH}_2\text{—CH}_2\text{—N} \\ \text{CH}_2\text{COOH} \\ \text{CH}_2\text{COOH} \\ \text{H}_2\text{C—O—CH}_2\text{—CH}_2\text{—N} \\ \text{CH}_2\text{COOH} \end{array}$$

目前,氨羧络合剂已达几十种,其中应用最广泛的是乙二胺四乙酸,也称 EDTA。由于 EDTA 在水中的溶解度很小(室温下 100g 水中仅能溶解 0.02g),难溶于酸和一般有机溶剂,易溶于氨水和 NaOH 溶液中生成相应的盐,故商品经常为乙二胺四乙酸二钠盐,简写成 $N_2H_2Y \cdot H_2O$,在水中溶解度为 11g,能配成 0.3mol/L 的溶液,使用方便。

3.2.2 EDTA 与金属离子的络合物

EDTA 分子结构中含有两个氨基和四个羧基,共有六个配位基和六个配位原子(四个氧原子、两个氮原子),因此,EDTA 可与许多金属离子络合,形成具有多个五员环的螯合物。例如 EDTA 与 Ca^{2+} 络合:

$$Ca^{2+} + H_2Y^{2-} \rightleftharpoons CaY^{2-} + 2H^+$$

第 3 章　络合滴定法及其在水质分析中的应用

CaY^{2-}络合物的结构式如图 3-1 所示,从结构式可以看出,所形成的络合物是具有一个 N—C—C—N（→Ca←）五元螯合环和四个 O—C—C—N（→Ca←）五元螯合环的五环结构。具有环状结构的络合物称为螯合物。

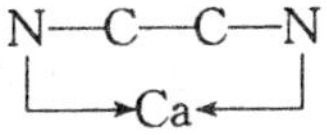

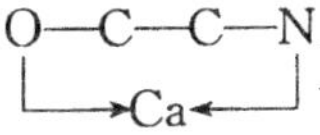

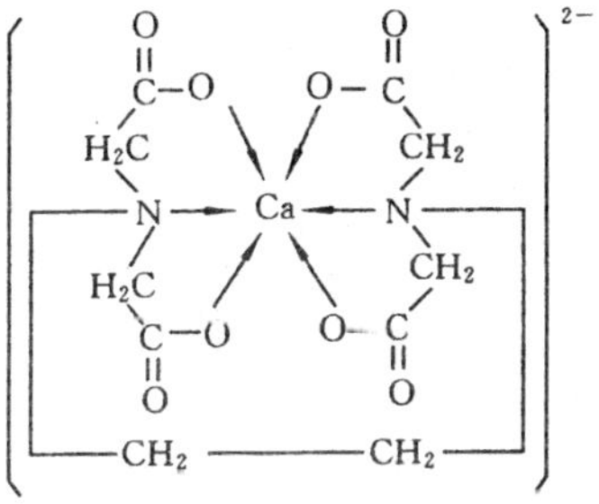

图 3-1　EDTA 各种型体的分布系数

螯合物的稳定性与螯合环的大小和数目有关。从络合物的研究中知道,具有五元环或六元环的螯合物最稳定,而且,所形成的环愈多,螯合物愈稳定。因此,EDTA 与许多金属离子形成的络合物具有较大的稳定性。

一般情况下,不论金属离子是二价、三价或四价,EDTA 与金属离子都以 1:1 的比例形成易溶于水的络合物,其络合反应式如下:

$$M^{2+} + H_2Y^{2-} \rightleftharpoons MY^{2-} + 2H^+$$
$$M^{3+} + H_2Y^{2-} \rightleftharpoons MY^- + 2H^+$$
$$M^{4+} + H_2Y^{2-} \rightleftharpoons MY + 2H^+$$

为了应用方便起见,可略去式中的电荷,将反应式简写成

$$M + Y \rightleftharpoons MY$$

少数高价金属离子与 EDTA 螯合时,不是形成 1:1 的螯合物。例如,五价钼与 EDTA 形成 Mo:Y = 2:1 的螯合物 $(MoO_2)_2Y^{2-}$。

EDTA 与无色的金属离子形成无色的螯合物,与有色的金属离子则形成颜色更深的螯合物。如 Cu^{2+} 显浅蓝色,而 CuY^{2-}

显更深的蓝色；Mn^{2+} 显微红色，而 MnY^{2-} 显紫红色。

3.2.3 滴定反应影响因素及其稳定常数

1. 稳定常数

配位平衡常数常用稳定常数表示。用稳定常数大小判断一个配合物的稳定性，配合物越稳定，配合反应越易发生。

$$M + Y \rightleftharpoons MY$$

$$K_{MY} = K_稳 = \frac{[MY]}{[M][Y]}$$

式中，K_{MY} 为稳定常数，还可以表示为 $K_稳$，$\lg K_稳$

2. 逐级累积稳定常数 β_n

第一级累计常数 β_1：$M + L \rightleftharpoons ML$ $\beta_1 = \frac{[ML]}{[M][L]} = K_1$

第二级累计常数 β_2：$M + 2L \rightleftharpoons ML_2$ $\beta_2 = \frac{[ML_2]}{[M][L]^2} = K_1 K_2$

第 n 级累计常数 β_n：$M + nL \rightleftharpoons ML_n$ $\beta_n = \frac{[ML_n]}{[M][L]^n} = K_1 K_2 \cdots K_n$

第 n 级累计常数 β_n 又称为稳定常数。

3.3 金属指示剂

3.3.1 金属指示剂的作用原理

金属指示剂是一种配位性的有机染料，能和金属离子生成有色的配合物或螯合物。在如 pH=10 时，用铬黑 T 指示剂 EDTA 滴定 Mg^{2+} 的滴定终点。滴定前，溶液中只有 Mg^{2+}，加入铬黑 T（HIn^{2-}）后，发生配位反应，生成的 $MgIn^-$ 呈红色，反应式如下：

$$Mg^{2+} + HIn^{2-} \rightleftharpoons MgIn^- + H^+$$

滴定开始至化学计量点前,由于 EDTA 和 Mg^{2+} 反应的生成产物 MgY^{2-} 无色,所以溶液一直是 $MgIn^-$ 的红色。

滴定反应的化学是为:

$$Mg^{2+} + H_2Y^{2-} \rightleftharpoons MgY^- + 2H^+$$

化学计量点时,金属离子全部反映完全,稍加过量的 EDTA 由于具有强的螯合性,把铬黑 T-金属螯合物中的铬黑 T 置换出来,起反应式为:

$$H_2Y^{2-} + MgIn^- \rightleftharpoons HIn^{2-} + H^+$$

pH=10,铬黑 T 为纯蓝色,因此反应结束时,溶液颜色由红色转变为蓝色,利用此颜色的转变可以指示滴定终点。

3.3.2 金属指示剂应具备的的条件

①在滴定的 pH 值范围内,游离指示剂和指示剂金属离子配合物两者的颜色应有显著的差别,这样才能使终点颜色变化明显。

②指示剂与金属离子形成的有色配合物要有适当的稳定性。指示剂与金属离子配合物的稳定性必须小于 EDTA 与金属离子配合物的稳定性,这样在滴定达到化学计量点时,指示剂才能被 EDTA 置换出来,从而显示终点的颜色变化。但如果指示剂与金属离子所形成的配合物太不稳定,则在化学计量点前指示剂就开始游离出来,使终点变色不敏锐,并使终点提前出现而引入误差。另一方面,如果指示剂与金属离子形成更稳定的配合物而不能被 EDTA 置换,则虽加入大量 EDTA 也达不到终点,这种现象称为指示剂的封闭。

③指示剂与金属离子形成的配合物应易溶于水,如果生成胶体溶液或沉淀,在滴定时指示剂与 EDTA 的置换作用将进行缓慢而使终点拖长,这种现象称为指示剂的僵化。例如用 PAN

作指示剂,在温度较低时,易发生僵化。①

为了避免指示剂的僵化,可以加入有机溶剂或将溶液加热,以增大有关物质的溶解度。

一般指示剂不宜久放,最好是用时现配。因为金属指示剂易受日光、氧化剂、空气等作用而分解,有些在水溶液中不稳定,有些日久会变质。

3.3.3 指示剂的封闭现象及消除

指示剂应在化学计量点附近有敏锐的颜色变化,但在实际工作中,指示剂的颜色变化有时受到干扰,即达到化学计量点后,过量的 EDTA 并不能夺取金属-指示剂有色络合物中的金属离子,即不能破坏有色络合物,因而使指示剂在化学计量点附近没有颜色变化。这种现象称为指示剂的封闭现象。②

产生指示剂封闭现象的原因,可能是由于溶液中某些离子的存在,与指示剂形成十分稳定的有色络合物,不能被 EDTA 破坏,因而产生封闭现象。对于这种情况,通常可加入适当的掩蔽剂来消除某些离子的干扰。

有时指示剂的封闭现象是由于有色络合物的颜色变化为不可逆反应引起的。在这里,金属-指示剂有色络合物的稳定性虽不及金属-EDTA 络合物的稳定性高,但由于动力学方面的原因,有色络合物并不能被破坏,即颜色变化为不可逆,因而产生封闭现象。如果封闭现象是被滴定离子本身引起的,则可以先加入过量 EDTA,然后进行返滴定,这样就可避免指示剂的封闭现象。

有时金属离子与指示剂生成难溶有色化合物,在终点时与滴定剂置换缓慢,使终点拖长。这时可加入适当的有机溶剂,增大其溶解度,使颜色变化敏锐。

---

① 吴俊森. 水分析化学精讲精练. 北京化学工业出版社,2009.
② 聂麦茜,吴蔓莉. 水分析化学. 北京:冶金工业出版社,2003.

3.3.4 常用的金属指示剂

1. 铬黑 T

铬黑 T 属于偶氮染料，化学名称是 1-(1-羟基-2-萘偶氮基)-6-硝基-2 萘酚-4-磺酸钠，其结构式为

与金属离子络合时，有色络合物结构式为

铬黑 T 溶于水时，磺酸基上的 Na^+ 全部离解，形成 H_2In^-。它在溶液中存在下列酸碱平衡，且呈现三种不同的颜色：

$$H_2In^- \underset{+H^+}{\overset{pK_{a_2}=6.3}{\rightleftharpoons}} HIn^{2-} \underset{+H^+}{\overset{pK_{a_3}=11.5}{\rightleftharpoons}} In^{3-}$$
$$（紫红）\qquad\qquad（蓝）\qquad\qquad（橙）$$

根据酸碱指示剂的变色原理，可近似估计铬黑 T 在不同 pH 下的颜色：当 $pH = pK_{a_2} = 6.3$ 时，$[H_2In^-] = [HIn^{2-}]$，呈蓝色与紫红色的混合色；$pH < 6.3$ 时，$[H_2In^-] > [HIn^{2-}]$，呈紫红色；$pH > 11.55$ 时，呈橙色；pH 为 6.3~11.55 时，呈蓝色。

铬黑 T 可与许多二价金属离子络合，形成稳定的酒红色络合物，如 Mg^{2+}、Mn^{2+}、Zn^{2+}、Cd^{2+}、Pb^{2+} 等。实验结果证明，在 pH=9~10.5 的溶液中，用 EDTA 直接滴定这些离子时，铬黑 T 是良好的指示剂，终点时变色敏锐，溶液由酒红色变为蓝色。但 Ca^{2+} 与铬黑 T 显色不够灵敏，必须有 Mg^{2+} 存在时，才能改善滴定终点。一般在滴定 Ca^{2+}、Mg^{2+} 的总量时，常用铬黑 T 作

指示剂。[①]

固体铬黑 T 性质稳定，但其水溶液只能保存几天，这是由于发生聚合反应和氧化反应的缘故。其聚合反应为

$$n\ H_2In^- \rightleftharpoons (H_2In^-)_n$$
（紫红）　　（棕色）

在 pH<6.5 的溶液中，聚合更为严重。指示剂聚合后，不能与金属离子发生显色反应。所以，在配制铬黑 T 溶液时，常加入三乙醇胺，以减慢聚合速度。

在碱性溶液中，空气中的氧以及 $Mn(Ⅳ)$ 和 Ce^{4+} 等能将铬黑 T 氧化并褪色。加入盐酸羟胺或抗坏血酸等还原剂，可防止其氧化。

铬黑 T 常与 NaCl 或 KNO_3 等中性盐制成固体混合物（1：100）使用，直接加入被滴定的溶液中。这种干燥的固体虽然易保存，但滴定时，对指示剂的用量不易控制。

2. 二甲酚橙

二甲酚橙属于三苯甲烷类显色剂，化学名称是 3-3′-双（二羟甲基氨甲基)-邻甲酚磺酞，其结构式为

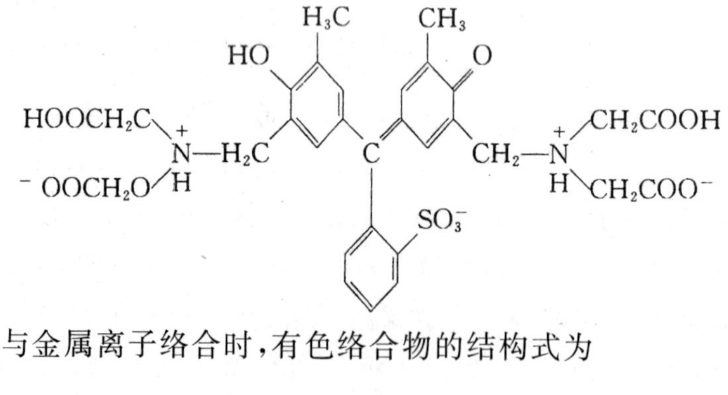

与金属离子络合时，有色络合物的结构式为

[①] 濮文虹，刘光红，喻俊芳. 水质分析化学. 武汉：华中科技大学出版社，2004.

二甲酚橙是紫色结晶,易溶于水,它有六级酸式离解。其中 H_6In 至 H_2In^{4-} 都是黄色,HIn^{5-} 和 In^{6-} 是红色。在 pH 为 5~6 时,二甲酚橙主要以 H_2In^{4-} 的形式存在。H_2In^{4-} 在溶液中存在着下列酸碱平衡,且呈现两种不同的颜色

$$H_2In^{4-} \underset{}{\overset{pK_{a_5}=6.3}{\rightleftharpoons}} H^+ + HIn^{5-}$$
（黄）　　　　　　　　（红）

由此可知,pH>6.3 时,呈红色;pH<6.3 时,呈黄色;pH $=pK_{a_5}=6.3$ 时,呈黄色和红色的混和色。而二甲酚橙与金属离子形成的络合物是紫红色,因此,它只适用于 pH<6 的酸性溶液中。通常配成 0.5% 的水溶液,可保存 2~3 周。

许多离子如 ZrO^{2+}、Bi^{3+}、Th^{4+}、Pb^{2+}、Zn^{2+}、Cd^{2+}、Hg^{2+} 等,可用二甲酚橙作指示剂直接滴定,终点时溶液由红色变为亮黄色。Fe^{3+}、Al^{3+}、Ni^{2+}、Cu^{2+} 等离子,也可以在加入过量 EDTA 后用 Zn^{2+} 标准溶液进行反滴定。

Fe^{3+}、Al^{3+}、Ni^{2+}、Ti^{4+} 和 pH 为 5~6 时的 Th^{4+} 对二甲酚橙有封闭作用,可用 NH_4F 掩蔽 Al^{3+}、Ti^{4+},抗坏血酸掩蔽 Fe^{3+},邻二氮菲掩蔽 Ni^{2+},乙酰丙酮掩蔽 Th^{4+}、Al^{3+} 等,以消除封闭现象。

3. PAN

PAN 属于吡啶偶氮类显色剂,化学名称是 1-(2-吡啶偶氮)-2-萘酚,其结构式为

与金属离子络合时,有色络合物结构式为

PAN 是橙红色针状结晶,难溶于水,可溶于碱、氨溶液及甲醇、乙醇等溶剂中,通常配成 0.11% 的乙醇溶液使用。

PAN 的杂环氮原子能发生质子化,因而表现为二级酸式离解:

$$H_2In^+ \underset{+H^+}{\overset{pK_{a_1}=1.9}{\rightleftharpoons}} HIn \underset{+H^+}{\overset{pK_{a_2}=12.2}{\rightleftharpoons}} In^-$$
（黄绿）　　　　（黄绿）　　　　（淡红）

由此可见,PAN 在 pH=1.9～12.2 的范围内呈黄色,而 PAN 与金属离子形成的络合物是红色,故 PAN 可在此 pH 范围内使用。

PAN 可与 Cu^{2+}、Bi^{3+}、Cd^{2+}、Hg^{2+}、Pb^{2+}、Zn^{2+}、Sn^{2+}、In^{3+}、Fe^{2+}、Ni^{2+}、Mn^{2+}、Th^{4+} 和稀土金属离子形成红色螯合物。这些螯合物的水溶性差,大多出现沉淀,使变色不敏锐。为了加快变色过程,可加入乙醇,并适当加热。

Cu^{2+} 与 PAN 的络合物稳定性强($lgK_{Cu-PAN}=16$),且显色敏锐,故间接测定某些离子(如 Al^{3+}、Ca^{2+})时,常用 PAN 作指示剂,用 Cu^{2+} 离子标准溶液进行反滴定。

Ni^{2+} 对 Cu-PNA 有封闭作用。

4. 酸性铬蓝 K

酸性铅蓝 K 的化学名称是 1,8-二羟基 2-(2-羟基-5-磺酸基-1-偶氮苯)-3,6-二磺酸萘钠盐,其结构式为

酸性铬蓝 K 的水溶液,在 pH<7 时呈玫瑰红色,pH 为 8～

13 时呈蓝色。在碱性溶液中能与 Ca^{2+}、Mg^{2+}、Mn^{2+}、Zn^{2+} 等离子形成红色螯合物。它对 Ca^{2+} 的灵敏度较铬黑 T 高。

为了提高终点的敏锐性,通常将酸性铬蓝 K 与萘酚绿 B 混合(1.2～2.5),然后再用 50 倍的 $NaCl$ 或 KNO_3 固体粉末稀释后使用。这种指示剂可较长期保存,简称 K-B 指示剂。K-B 指示剂在 pH＝10 时可用于测定 Ca^{2+}、Mg^{2+} 的总量,在 pH＝12.5 时可单独测定 Ca^{2+}。

5. 钙化指示剂

钙指示剂的化学名称是 2-羟基-1-(2-羟基-4-磺酸基-1-萘偶氮基)-3-萘甲酸[①],其结构式为

钙指示剂在 pH 为 12～14 的溶液中呈蓝色,可与 Ca^{2+} 形成红色络合物。在 Ca^{2+} 与 Mg^{2+} 共存时,可用其测定 Ca^{2+},终点由橙红色变为蓝色,其变色敏锐。在 pH＞12 时,Mg^{2+} 可生成 $Mg(OH)_2$ 沉淀,故须先调至 pH～12.5,使 $Mg(OH)_2$ 沉淀后,再加入指示剂,以减少沉淀对指示剂的吸附。

Fe^{3+}、Al^{3+}、Cu^{2+}、Ni^{2+}、Co^{2+}、Mn^{2+} 等离子能封闭指示剂。Al^{3+} 和少量 Fe^{3+} 可用三乙醇胺掩蔽;Cu^{2+}、Ni^{2+}、Co^{2+} 等可用 KCN 掩蔽;Mn^{2+} 可用三乙醇胺和 KCN 联合掩蔽。

钙指示剂为紫黑色粉末,它的水溶液或乙醇溶液都不稳定。故一般取固体试剂,用干燥的 NaCl(1:100 或 1:200)粉末稀释后使用。

---

① 王国惠. 水分析化学. 北京:化学工业出版社,2009.

3.4 络合滴定法的原理分析

3.4.1 络合滴定曲线

配位滴定和酸碱滴定类似,滴定中,随着配位剂的不断加入,被滴定的金属离子浓度[M]不断减小,在化学计量点附近pM值发生突变,滴定过程中pM的变化规律可以用pM值对配合剂EDTA的加入量所绘制的滴定曲线来表示。

讨论 $0.0100mol \cdot L^{-1}$ EDTA 标准溶液滴定 $20.00mL 0.0100mol \cdot L^{-1} Ca^{2+}$ 溶液的滴定曲线,pH=12,体系中不存在其他的配位剂(已知 $\lg K_{CaY}=10.69$)。

查表得,pH=12 时 $\lg \alpha_{Y(H)}=0.01 \approx 0$

即,所以 $K'_{MY} = K_{MY} = 10^{10.69}$

(1)滴定前溶液中的钙离子浓度

$$[Ca^{2+}]=0.01 mol \cdot L^{-1} \quad pCa=2.0$$

(2)滴定开始到化学计量点以前

设已加入EDTA标准溶液19.98mL,此时还剩余 Ca^{2+} 溶液0.02 mL。则

$$[Ca^{2+}]=\frac{0.0100 \times 0.02}{20.00+19.98}=5 \times 10^{-6} mol \cdot L^{-1}$$

$$pCa=5.30$$

(3)化学计量点时

Ca^{2+} 与EDTA几乎全部配合成 CaY^{2-} 配离子

$$[CaY^{2-}]=0.0100 \times \frac{20.00}{20.00+20.00}=5 \times 10^{-3} mol \cdot L^{-1}$$

同时,pH=12 时,$\lg \alpha_{Y(H)}=0.01 \approx 0, \alpha_{Y(H)} \approx 1, [Y]=[Y']$,则

$$[Ca^{2+}]=[Y]=x mol \cdot L^{-1}$$

$$K_{CaY'} \approx K_{CaY}=\frac{[CaY]}{[Ca][Y']}=10^{10.69}=\frac{5 \times 10^{-3}}{x^2}$$

$$x=[Ca^{2+}]=3.2\times 10^{-7} mol\cdot L^{-1}$$
$$pCa=6.49$$

(4)化学计量点后

设加入 20.02mL EDTA
$$[Y]=\frac{0.0100\times 0.02}{20.00+20.02}=5\times 10^{-6} mol\cdot L^{-1}$$
$$\frac{5\times 10^{-3}}{[Ca^{2+}]\times 5\times 10^{-6}}=10^{10.69}$$
$$[Ca^{2+}]=10^{-7.69}$$
$$pCa=7.69$$

如此逐一计算,以 pCa 为纵坐标,加入 EDTA 标准溶液的百分数(或体积)为横坐标作图,即得到用 EDTA 标准溶液滴定 Ca^{2+} 的滴定曲线。

影响滴定突跃的主要因素有配合物的条件稳定常数和被滴定金属离子的浓度。

① K'_{MY} 越大,滴定突跃越大。

② c_M 越大,滴定突跃越大。

3.4.2 酸度对络合滴定的影响

在络合滴定中,如果所形成的络合物愈稳定,即 $K'_稳$ 愈大,则络合反应愈完全,滴定突跃也愈大,这样才能得到可靠的分析结果。因此,在络合滴定时,对络合物的 $K'_稳$ 值有一定的要求。

根据滴定分析的一般要求,滴定的允许误差不大于 0.1%。假如金属离子的原始浓度为 $2\times 10^{-2} mol/L$,当滴定到达化学计量点时,可以认为 EDTA 和金属离子基本上都形成了络合物 MY,其 $[MY]\approx 10^{-2} mol/L$ 若允许误差小于或等于 0.1%,则在化学计量点时,未形成络合物 MY 的金属离子浓度和 EDTA 浓度都应小于或等于 $10^{-2}\times 0.1\%$。则由

$$K'_稳=\frac{[MY]}{[M'][Y']}$$

得

$$K'_{稳} = \frac{[MY]}{[M'][Y']} \geq \frac{10^{-2}}{10^{-2} \times 0.1\% \times 10^{-2} \times 0.1\%} = 10^8$$

即

$$K'_{稳} \geq 8$$

上式说明,当金属离子的浓度为 10^{-2} mol/L,要求允许误差不大于 0.1% 时,若 $\lg K'_{稳} \geq 8$,则金属离子能准确被滴定。若要求允许误差稍大一些,则 $\lg K'_{稳}$ 值略小于 8 时,也可以被滴定。

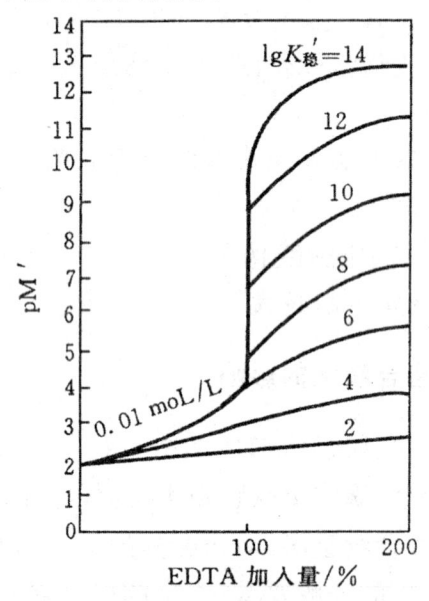

同样可以推导,如果金属离子的浓度为 C_M,当 $\lg C_M K'_{稳} \geq 6$ 时,金属离子才能准确被滴定。

图 3-2 不同 $\lg K'_{稳}$ 的滴定曲线

图 3-2 是不同 $\lg K'_{稳}$ 的滴定曲线。当金属离子浓度为 10^{-2} mol/L,$\lg K'_{稳} \geq 8$ 时,滴定曲线突跃比较明显。如果 $\lg K'_{稳}$ 太小,滴定突跃不明显,就不利于直接滴定。因此,通常用

$$\lg K'_{稳} \geq 6$$

作为能否准确进行滴定的界限。

在络合滴定中,如果不考虑由其它络合剂所引起的副反应,则 $\lg K'_{稳}$ 值主要取决于酸度的高低。当 pH 值低于某一值时,

金属离子就不能准确进行滴定,这一限度就是络合滴定的最高允许酸度,简称最高酸度。

根据

$$\lg K'_{\text{稳}} = \lg K_{\text{稳}} - \lg_{\alpha Y(H)}$$

$$K'_{\text{稳}} \geqslant 8$$

以上两式,可以计算各种金属离子被滴定时所允许的最低pH值。

3.4.3 化学计量点 pM$_{sp}$ 和滴定终点 pM$_{ep}$ 的计算

1. 化学计量点 pM$_{sp}$ 的计算

为选择适当的金属指示剂,经常需要计算 pM$_{sp}$ 值,其计算通式为

$$[\text{pM}_{sp}] = \sqrt{\frac{c_M^{sp}}{K'_{MY}}} = \sqrt{\frac{c_M/2}{K'_{MY}}}$$

$$\text{pM}_{sp} = \frac{1}{2}(\text{p}c_M^{sp} + \lg K'_{MY})$$

式中,[pM$_{sp}$]为化学计量点时溶液中金属离子的平衡浓度;c_M^{sp}为化学计量点时溶液中金属离子各种体型的总浓度。

2. 滴定终点 pM$_{sp}$ 的计算

在络合滴定终点时,因其有金属指示剂的存在,指示剂可与金属离子形成有色配合物,所以溶液的颜色会发生变化,从而判断滴定的终点。

例如:

$$\text{M} + \text{In} \rightleftharpoons \text{MIn}$$

甲色   乙色

其平衡常数是

$$K_{\text{MIn}} = \frac{[\text{MIn}]}{[\text{M}][\text{In}]}$$

对数形式为

$$pM + \lg \frac{[MIn]}{[In]} = \lg K_{MIn}$$

$[MIn]=[In]$为指示剂的理论变色点,此时 $pM_{ep} = \lg K_{MIn}$ 若指示剂存在副反应,变色点为 $pM'_{ep} = \lg K'_{MIn}$

3.4.4 终点误差

1. 配位滴定终点误差公式

$$E_t = \frac{[Y']_{ep} - [M']_{ep}}{c_M^{ep}}$$

2. 林邦终点误差公式

$$E_t = \frac{10^{\Delta pM'} - 10^{-\Delta pM'}}{\sqrt{K'_{MY} c_M^{sp}}}$$

式中,$\Delta pM' = pM'_{ep} - pM'_{sp}$。$K'_{MY}$ 和 c_M^{sp} 越大,E_t 越小; $\Delta pM'$ 越小即 ep 越靠近 sp,E_t 越小。

3.5 提高络合滴定选择性的方法

3.5.1 酸度控制法

在用 EDTA 二钠盐溶液进行配位滴定的过程中,随配合物的生成,不断有 H^+ 释放,使溶液的酸度增大,条件稳定常数 $K_{稳}$ 变小,pM 突跃范围减小,同时,所用的指示剂的变色点也随 H^+ 浓度而变化,引起较大误差。因此,在配位滴定中需加入缓冲溶液以控制 pH。

1. 单一离子配位滴定的适宜酸度范围

在影响配位滴定的各因素中,酸度是最重要的。若只考虑 EDTA 的酸效应,则

$$\lg K'_{MY} = \lg K_{MY} - \lg \alpha_{Y(H)}$$

由判别式

$$c_{M_{sp}}K'_{MY} \geqslant 10^6 \text{ 或 } \lg(c_{M_{sp}}K'_{MY}) \geqslant 6$$

可知,当 $\Delta pM = \pm 0.2$,终点误差 $E_t = \pm 0.1\%$ 时,直接准确滴定的条件是 $\lg c_{M_{sp}}K'_{MY} \geqslant 6$ 即 $\lg K'_{MY} \geqslant 6 - \lg c_{M_{sp}}$,代入上式得

$$\lg \alpha_{Y(H)} \leqslant \lg c_{M_{sp}} + \lg K_{MY} - 6$$

上式取等号时,所对应的酸度即为最高酸度或最低 pH。当超过此酸度时,就会超过规定的允许误差。不同金属离子的 K_{MY} 不同,直接准确滴定所要求的最高酸度也不同,如设 $c_M = 0.0200 \text{mol/L}$,$\Delta pM = \pm 0.2$,终点误差 $E_t = \pm 0.1\%$,可计算出各种金属离子滴定时的最高允许酸度。以离子的 $\lg K_{MY}$ 与相应的最高酸度作图,得到的关系曲线称为酸效应曲线,如图 3-3 所示。

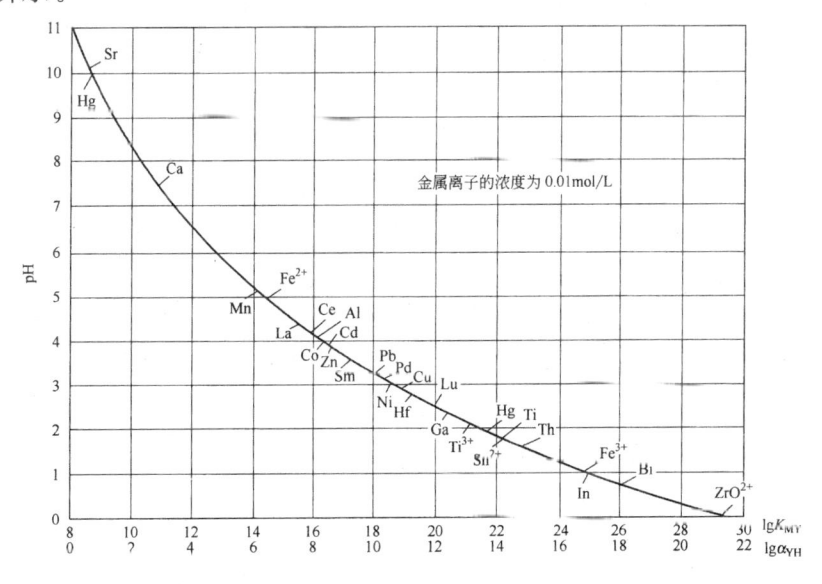

图 3-3 EDTA 的算效应曲线

2. 混合离子的选择滴定

如前所述,由混合离子分步滴定的判别式 $\Delta \lg(K_c) \geqslant 5$ 可看出,当被测金属离子的 M 与干扰离子 N 的稳定常数和离子浓度相差足够大,满足判别式的要求时,即可通过控制酸度实现分步滴定。

如果指示剂不与干扰离子 N 发生显色反应,则选择滴定的

酸度范围就是被测离子 M 的适宜酸度范围。此时化学计量点时的 pM_{sp} 在一定 pH 范围内基本不变,而终点时的 pM_{sp} 会随 pH 变化,导致 ΔpM 的变化。因此应用分别滴定判别式时,还应选择适当的 pH,是指示剂的变色点 pM_{ep} 与化学计量点 pM_{sp} 尽量接近,这样可减少滴定误差。

3.5.2 掩蔽剂的利用

1. 络合掩蔽法

这种方法利用干扰离子与掩蔽剂形成稳定的络合物来消除干扰[①]。例如,用 EDTA 滴定水中的 Ca^{2+}、Mg^{2+} 以测定水的硬度时,Al^{3+}、Fe^{3+} 等离子的存在对测定有干扰,若加入三乙醇胺使之与 Al^{3+}、Fe^{3+} 生成更稳定的络合物,则 Al^{3+}、Fe^{3+} 等离子为三乙醇胺掩蔽而不发生干扰。又如,在 Al^{3+}、Zn^{2+} 两种离子共存时,可用 NH_4F 掩蔽 Al^{3+},使其生成稳定性较好的 AlF_6^{3-} 络离子;调节 pH=5,可用 EDTA 滴定 Zn^{2+}。

作为络合掩蔽剂,必须满足下列条件:

①干扰离子与掩蔽剂形成的络合物应远比与 EDTA 形成的络合物稳定,而且形成的络合物应为无色或浅色,不影响终点的判断。

②掩蔽剂不与待测离子络合或只形成很不稳定的络合物,不干扰络合滴定剂与被测金属离子形成络合物的反应。

掩蔽剂的应用有一定的 pH 范围,而且要符合测定要求的范围。如上例,测定 Zn^{2+} 时,若 pH=8~10,用铬黑 T 做指示剂,则用 NH_4F 就可能掩蔽 Al^{3+}。但是,在测定含有 Ca^{2+}、Mg^{2+}、Al^{3+} 溶液中的 Ca^{2+}、Mg^{2+} 总量时,于 pH=10 时滴定,因为 F^- 与被测物 Ca^{2+} 要生成 CaF_2 沉淀,因此就不能用氟化物来掩蔽 Al。

---

① 聂麦茜,吴蔓莉. 水分析化学. 北京:冶金工业出版社,2003.

2. 沉淀掩蔽法

利用掩蔽剂与干扰离子形成沉淀来消除干扰的方法。例如,水样中含有 Ca^{2+} 和 Mg^{2+},欲测定其中 Ca^{2+} 含量,则可加入 NaOH,使 pH>12,产生 $Mg(OH)_2$ 沉淀。此时,用钙指示剂,以 EDTA 溶液滴定 Ca^{2+},则 Mg^{2+} 不干扰测定。

沉淀掩蔽法要求生成沉淀的溶解度要小,沉淀完全且是无色的晶形沉淀。否则有颜色,又吸附被测定金属离子,而影响观察终点和测定结果。

3. 氧化还原掩蔽法

利用氧化还原反应变更干扰离子的价态。来消除干扰的方法。例如,测定水体中 Ba^{2+}、$AZrO^{2+}$、Th^{4+} 离子时,有 Fe^{3+} 干扰测定,则可加入抗坏血酸或盐酸羟胺($NH_2OH \cdot HCl$)。将 Fe^{3+} 还原为 Fe^{2+}。

$$Fe^{3+} \xrightarrow[\text{抗坏血酸}]{\text{或 } NH_2OH \cdot HCl} Fe^{2+}$$

由于 $\lg K_{Fe^{2+}Y} = 14.3 < \lg K_{Fe^{3+}Y} = 25.1$,则 Fe^{2+} 不干扰测定。

常用的掩蔽剂列于表 3-1 和表 3-2 中。

表 3-1 络合滴定中应用的沉淀掩蔽剂

名称	被掩蔽的离子	待测定的离子	pH 范围	指示剂
NH_4F	Ca^{2+}、Sr^{2+}、Ba^{2+}、Mg^{2+}、Ti^{4+}、Al^{3+}、稀土	Zn^{2+}、Cd^{2+}、Mn^{2+}(有还原剂存在下)	10	铬黑 T
NH_4F	同上	Cu^{2+}、Co^{2+}、Ni^{2+}	10	紫脲酸铵
K_2CrO_4	Ba^{2+}	Sr^{2+}	10	MgY,铬黑 T

续表

名称	被掩蔽的离子	待测定的离子	pH 范围	指示剂
Na_2S 或铜试剂	微量重金属	Ca^{2+}、Mg^{2+}	10	铬黑T
H_2SO_4	Pb^{2+}	Bi^{3+}	1	二甲酚橙
$K_4[Fe(CN)_6]$	微量 Zn^{2+}	Pb^{2+}	5～6	二甲酚橙

表 3-2　常用的掩蔽剂

名称	pH 范围	被掩蔽的离子	备注
KCN	pH＞8	Co^{2+}、Ni^{2+}、Cu^{2+}、Zn^{2+}、Hg^{2+}、Cd^{2+}、Ag^+、Tl^+ 及铂族元素	
NH_4F	pH＝4～6 pH＝10	Al^{3+}、Ti^{IV}、Sn^{4+}、Zr^{4+}、W^{VI} Al^{3+}、Mg^{2+}、Ca^{2+} 及稀土元素	用 NH_4F 比 NaF 好。优点是加入后溶液 pH 变化不大
三乙醇胺（TEA）	pH＝10 pH＝11～12	Al^{3+}、Ti^{IV}、Sn^{4+}、Fe^{3+} Fe^{3+}、Al^{3+} 及少量 Mn^{2+}	与 KCN 并用，可提高掩蔽效果
二巯基丙醇	pH＝10	Hg^{2+}、Cd^{2+}、Zn^{2+}、Bi^{3+}、Pb^{2+}、Ag^+、As^{3+}、及少量 Cu^{2+}、Co^{2+}、Ni^{2+}、Fe^{3+}	
铜试剂（DDTC）	pH＝10	能与 Cu^{2+}、Hg^{2+}、Pb^{2+} 生成沉淀，其中 Cu-DDTC 为褐色，Bi-DDTC 为黄色，故其存在量应分别小于 2mg 和 10mg	

续表

名称	pH 范围	被掩蔽的离子	备注
酒石酸	pH=1.2 pH=2 pH=5.5 pH=6~7.5 pH=10	Sb^{3+}、Sn^{4+}、Fe^{3+} 及 5mg 以下的 Cu^{3+} Fe^{3+}、Sn^{4+}、Mn^{2+} Fe^{3+}、Al^{3+}、Sn^{4+}、Ca^{2+} Mg^{2+}、Cu^{2+}、Fe^{3+}、Al^{3+}、Mo^{4+}、Sb^{3+} Al^{3+}、Sn^{4+}	在抗坏血酸存在下

4. 解蔽方法

用一种试剂把某种(或某些)离子与掩蔽剂形成的络合物中重新释放出来的过程叫解蔽。这种试剂叫解蔽剂。①

例如,水样中有 Cu^{2+}、Zn^{2+}、Pb^{2+} 三种离子共存,欲测定其中 Pb^{2+} 和 Zn^{2+} 的含量。由于 $\lg K_{ZnY}$ 和 $\lg K_{PbY}$ 相差很小,$\left(\Delta \lg K + \lg \dfrac{C_M}{C_N}\right) < 6$,无法用控制 pH 方法实现分别滴定。首先,将水样用 NH_3(氨性酒石酸溶液)调至碱性,加入 KCN 掩蔽 Cu^{2+}、Zn^{2+}:

$$Zn^{2+} + 4CN^- \rightleftharpoons [Zn(CN)_4]^{2-}$$
$$Cu^{2+} + 3CN^- \rightleftharpoons [Cu(CN)_3]^-$$

而 Pb^{2+} 不被掩蔽,故可在 pH=10 时,用铬黑 T 作指示剂,用 EDTA 滴定 Pb^{2+},并求出 Pb^{2+} 的含量。

然后加入甲醛(或三氯乙醛)作解蔽剂,破坏 $[Zn(CN)_4]^{2-}$ 络离子,将 Zn^{2+} 释放出来,再用 EDTA 继续滴定,求得 Zn^{2+} 的含量。

$$[Zn(CN_4)]^{2-} + 4HCHO + 4H_2O \rightleftharpoons Zn^{2+} + 4H_2\overset{\underset{\mid}{OH}}{C}-CN$$
(乙醇腈)

---

① 黄君礼,吴明松. 水分析化学. 北京:中国建筑工业出版社,2013.

$+4OH^-$

应该注意,解蔽剂甲醛要分次加入,且甲醛不能过量,否则 $[Cu(CN)_3]^-$ 络离子也易被部分破坏,而影响 Zn^{2+} 的测定。

这一实例说明了采用掩蔽剂和解蔽方法实现了共存两种离子的连续测定。

除上述方法外,还可采用分离除去干扰离子和选择其他络合剂进行滴定等方法来实现选择性滴定。由于在水质分析中不常用,这里不再详细介绍。

3.6 络合滴定方式及其在水质分析中的应用

3.6.1 EDTA 标准溶液的配制与标定

1. 配制

称取 $EDTANa_2 \cdot 2H_2O$ 3.725g,溶于水后,在 10mL 容量瓶中稀释至刻度,存放于聚乙烯瓶中,该 EDTA 溶液的近似浓度为 10.0mmol/L。

2. 标定

标定用的基准物质可用 Zn(锌粒纯度为 99.9%)、$ZnSO_4$、$CaCO_3$ 等,指示剂可用铬黑 T(EBT),pH=10.0,终点时溶液由红色变为蓝色,以 NH_3-NH_4Cl 为缓冲溶液;或用二甲酚橙(XO),pH 为 5~6,重点时溶液由紫红色变为亮黄色,以六次甲基四胺为缓冲溶液。

例如:准确吸取 25.00mL 10.0mmol/L Zn^{2+} 标准溶液,用蒸馏水稀释至 50mL,加入几滴氨水,使溶液 pH=10.0,在加入 5mL NH_3-NH_4Cl 为缓冲溶液,以铬黑 T 为指示剂,用近似浓度的 EDTA 溶液滴定至重点,消耗近似浓度的 EDTA 溶液 V_{EDTA} (mL)。则:

$$C(EDTA) = \frac{C(Zn^{2+})V(Zn^{2+})}{V(EDTA)}$$

式中,C(EDTA)为 EDTA 标准溶液的浓度,mmol/L;c(Zn^{2+})为 Zn^{2+} 标准溶液的浓度,mmol/L;V(Zn^{2+})为 Zn^{2+} 标准溶液的体积,25mL;V(EDTA)为消耗近似浓度的 EDTA 溶液的体积,mL。

3.6.2 络合滴定的方式

1. 直接滴定法

直接滴定法是络合滴定中的基本方法。此法是将试样溶液调至所需要的酸度,加上必要的其他试剂和指示剂,用 EDTA 标准溶液直接滴定被测离子,根据消耗 EDTA 标准溶液的体积,计算出金属离子的含量。[1]

采用直接滴定法时,必须满足下列条件:

①被测金属离子与络合滴定剂所形成的络合物的稳定性要大。

②络合反应速度应该很快。

③应有变色敏锐的指示剂,且没有封闭现象。

④在选用的滴定条件下,被测离子不发生水解和沉淀反应。

用直接滴定法可以测定多种金属离子,例如,用 EDTA 标准溶液在强酸性介质(如 c(HCl)=1.2mol/LHCl)中滴定 Fe^{3+};在酸性介质中滴定 Hg^{2+}、Cu^{2+}、Th^{4+},在弱酸性介质中滴定 Fe^{2+}、Zn^{2+}、Co^{2+},在碱性介质中滴定 Ca^{2+}、Mg^{2+}、Ni^{2+} 等。

2. 间接滴定法

如果被测金属离子(例如 Na^+)与 EDTA 不能形成稳定的络合物或被测离子(例如 SO_4^{2-}、PO_4^{3-} 等)根本不能与 EDTA 形成络合物,则采用间接滴定法。但由于这种方法太麻烦,又常引入误差,因此不是一种理想的方法。这里仅以 SO_4^{2-} 测定为例,作以说明。

---

[1] 王国惠. 水分析化学. 北京:化学工业出版社,2009.

水样中同时含有 Ca^{2+}、Mg^{2+} 和 SO_4^{2-}，欲测定其中 SO_4^{2-} 的含量。

(1) 加入过量 $BaCl_2$ 标准溶液

① 取水样首先测定总硬度，令消耗 EDTA 标准溶液体积为 V_1，即

$$V_1 = 总硬度(Ca^{2+}、Mg^{2+}总量)$$

② 另取一份水样，加入过量准确体积的 $BaCl_2$ 标准溶液，则有 $BaSO_4$ 沉淀生成。然后调节 pH=10.0，加入铬黑 T 指示剂，用 EDTA 标准溶液滴定剩余的 $BaCl_2$ 至溶液红色变为蓝色，消耗 EDTA 标准溶液的体积 V_2（mL）包括滴定总硬度和剩余 Ba^{2+} 所消耗的量，即

$$V_2 = V_1 + V_{Ba^{2+}}(剩余)$$

③ 只取上述同体积的 $BaCl_2$ 标准溶液，调 pH=10.0，同样以铬黑 T 为指示剂，用 EDTA 标准溶液滴至终点，消耗 EDTA 标准溶液的体积为 V_3，即相当于该 $BaCl_2$ 标准溶液中 Ba^{2+} 的总量。

$$V_3 = V_{Ba^{2+}}(剩余)$$

所以 Ba^{2+} 的量相当于 $V_3-(V_2-V_1)$。

$$SO_4^{2-}(mg/L) = \frac{C_{EDTA}[V_3-(V_2-V_1)] \times M_{SO_4^{2-}}}{V_水}$$

式中，C_{EDTA} 为 EDTA 标准溶液的浓度，mmol/L；$M_{SO_4^{2-}}$ 为 SO_4^{2-} 的摩尔质量，96.06g/mol；V_3 为滴定 $BaCl_2$ 总量所消耗 EDTA 标准溶液的体积，mL；V_2 为滴定剩余 $BaCl_2$ 所消耗 EDTA 标准溶液的体积，mL；V_1 为滴定水样中 Ca^{2+}、Mg^{2+} 总量消耗 EDTA 标准溶液的体积，mL；$V_水$ 为水样的体积，mL。

(2) 加入过量 $BaCl_2$-$MgCl_2$ 标准混合液

加入过量 $BaCl_2$-$MgCl_2$ 标准混合液，主要是为了提高显色反应的灵敏度，其测定过程类似于(1)。

3. 返滴定法

返滴定法是在水样中加入过量的 EDTA 标准溶液，用另一

种金属盐的标准溶液滴定过量的 EDTA,根据两种标准溶液的浓度和用量,求得水样中被测金属离子含量的方法[①]。下列情况可采用返滴定法。

(1) 被测金属离子 M 与 EDTA 配位速度慢或封闭指示剂

如测定水中的 Al^{3+} 时,Al^{3+} 与 EDTA 配位缓慢,且 Al^{3+} 对指示剂二甲酚橙有封闭现象,可采用返滴定法。在水样中加入准确体积的过量 EDTA 标准溶液,在 pH 为 3.5 条件下,加热煮沸,以加快反应速率,使 Al^{3+} 与 EDTA 配位完全。冷却后,再调节 pH 值至 5~6,以 PAN 或二甲酚橙为指示剂,用 Cu^{2+}(或 Zn^{2+})标准溶液返滴定剩余的 EDTA。

(2) 无变色敏锐的指示剂

如测定水样中 Ba^{2+} 时,由于没有符合要求的指示剂,可加入过量的 EDTA 标准溶液,使 Ba^{2+} 与 EDTA 生成配合物 BaY 之后,再加入铬黑 T 作指示剂,用 Mg^{2+} 标准溶液返滴定剩余的 EDTA 至溶液由红色变为蓝色。

注意:返滴定法中的金属盐标准溶液与 EDTA 形成的螯合物的稳定性不宜超过被测离子与 EDTA 螯合物的稳定性,否则会把被测离子从螯合物中转换出,引起滴定误差。

4. 置换滴定法

置换滴定法是利用置换反应,置换出等物质量的一种金属离子或置换出等量的 EDTA 然后进行滴定的方式。[②]

(1) 置换出金属离子

金属离子与 EDTA 反应不完全或形成的配合物不稳定,有时可利用置换反应实现滴定。如 Ag^+ 与 EDTA 的配合物不够稳定($lgK_{AgY}=7.3$),不能直接滴定,若将 Ag^+ 加入到过量的 $[Ni(CN)_4]^{2-}$ 溶液中,则会发生如下的置换反应:

$$2Ag^+ + [Ni(CN)_4]^{2-} \rightleftharpoons 2Ag(CN)_2^- + Ni^{2+}$$

---

① 王有志. 水质分析技术. 北京:化学工业出版社,2007.
② 王国惠. 水分析化学. 北京:化学工业出版社,2009.

然后在 pH=10.0 的氨性溶液中,以紫脲酸胺为指示剂,用 EDTA 滴定置换出的 Ni^{2+},由此可求得 Ag^+ 的含量。

(2)置换出 EDTA

被测金属离子 M 和干扰离子与 EDTA 反应完全之后加入选择性高的配位剂 L 以夺取 M,并释放出与 M 等量的 EDTA,用另一种金属离子 N 的标准溶液滴定释放出的 EDTA。

例如,测定某试样中的 Al^{3+},样品中可能含有 Zn^{2+}、Pb^{2+}、Fe^{3+} 等杂质。先加入过量的 EDTA,使试样中的 Al^{3+} 和杂质离子与 EDTA 配位反应完全,剩余的 EDTA 采用 Zn^{2+} 标准溶液滴定,此时返滴定计算得到的是 Al^{3+} 和杂质离子的含量。为了得到准确的 Al^{3+} 量,在返滴定达终点后,加入 NH_4F,溶液中即发生如下的置换反应:

$$AlY^- + 6F^- + 2H^+ \rightleftharpoons AlF_6^{3-} + H_2Y^{2-}$$

置换出与 Al^{3+} 等量的 EDTA,再用 Zn^{2+} 标准溶液滴定,可得准确的 Al^{3+} 量。

(3)利用置换滴定法改善指示剂滴定终点的敏锐性

如铬黑 T 与 Mg^{2+} 显色灵敏,而与 Ca^{2+} 显色的灵敏度较差,在 pH=10.0 的溶液中滴定 Ca^{2+},若水样中无 Mg^{2+} 或含 Mg^{2+} 较少时可先加入少量的 MgY,即发生如下的置换反应:

$$Ca^{2+} + MgY = Mg^{2+} + CaY$$

置换出的 Mg^{2+} 与铬黑 T 显很深的红色,然后用 EDTA 滴定 Ca^{2+} 至终点时,EDTA 夺取 Mg^{2+} 铬黑 T 中的 Mg^{2+},形成 MgY,游离出指示剂,显蓝色,颜色变化明显。因滴定前加入的 MgY 和最后生成的 MgY 的物质的量相等,故加入 MgY 不会影响滴定结果。

3.6.3 水的总硬度的测定

水中 Ca^{2+}、Mg^{2+} 离子的总含量称为硬度[①]。硬度是一个

[①] 聂麦茜,吴蔓莉. 水分析化学. 北京:冶金工业出版社,2003.

非常重要的水质指标。水的硬度与日常生活和工业用水的关系十分密切,例如,高硬度的水作为锅炉用水时,加热后就会在锅炉内壁产生水垢,而水垢的传热性能很差,这将浪费大量燃料;同时由于炉壁上水垢的厚薄不均,这势必增高炉温,使炉壁温度过高而损坏,严重时甚至造成锅炉爆炸事故。再如,硬水用于纺织印染工业,不溶性的钙、镁盐类具有黏着性,附着在织物的纤维上造成斑点,从而使产品质量严重下降。硬水对卫生的意义不大,但饮用水硬度过高也会影响肠胃的消化功能。我国现行饮用水标准中,总硬度定为不超过 450mg/L 的 $CaCO_3$。

测定硬度的原理是:用 NH_3-NH_4Cl 缓冲溶液控制水样的 pH 值在 10 左右,加入铬黑 T 指示剂与水样中少量 Ca^{2+}、Mg^{2+} 离子反应,生成稳定性较小的酒红色络合物:

$$Ca^{2+} + HIn^{2-} = [CaIn]^- + H^+$$
$$Mg^{2+} + HIn^{2-} = [MgIn]^- + H^+$$

加入 EDTA 标准溶液,它首先与溶液中游离的 Ca^{2+}、Mg^{2+} 离子生成稳定性大于 $[CaIn]^-$、$[MgIn]^-$ 的无色络合物:

$$Ca^{2+} + Y^{4-} = [CaY]^{2-}$$
$$Mg^{2+} + Y^{4-} = [MgY]^{2-}$$

当溶液中游离的 Ca^{2+}、Mg^{2+} 离子被 EDTA 络合完全时,继续加入的 EDTA 就会夺取已经与铬黑 T 络合着的 Ca^{2+}、Mg^{2+} 离子,使指示剂游离出来,溶液由酒红色变为游离指示剂的蓝色,表示到达滴定终点。

$$H^+ + [CaIn]^- + Y^{4-} = [CaY]^{2-} + HIn^{2-}$$
$$H^+ + [MgIn]^- + Y^{4-} = [MgY]^{2-} + HIn^{2-}$$

由 EDTA 标准溶液的体积和浓度,可计算出水中的总硬度。

在测定硬度时,消耗的 EDTA 物质的量等于 Ca^{2+}、Mg^{2+} 物质的总量,即

$$n(EDTA) = n(Ca^{2+}) + n(Mg^{2+})$$

第4章 沉淀滴定法及其在水质分析中的应用

滴定沉淀法是利用沉淀反应的分析方法。用于沉淀分析的化学反应不仅要满足沉淀分析的基本要求,还要满足以下几个条件:

①沉淀反应快。
②生成的沉淀物的溶解度很小。
③反应可以准确的确定滴定终点。

4.1 沉淀溶解平衡与影响溶解度的因素

4.1.1 沉淀溶解平衡

1. 溶解度和溶度积

微溶化合物 MA 在饱和溶液中的平衡可表示为

$$MA_{(S)} \rightleftharpoons M^+_{(L)} + A^-_{(L)} \tag{4-1}$$

在一定温度下当微溶化合物 MA 沉淀溶解平衡时,其溶度积为一常数

$$K^0_{sp} = a_{M^+} \cdot a_{A^-} \tag{4-2}$$

式中,a_{M^+} 为离子 M^+ 的活度;a_{A^-} 为离子 A^- 的活度;K^0_{sp} 为 MA 的活度积。

又因为活度与浓度的关系是

$$a_{M^+} = \gamma_{M^+}[M^+] \tag{4-3}$$

$$a_{A^-} = \gamma_{A^-}[A^-] \tag{4-4}$$

式中,γ_{M^+}、γ_{A^-} 分别为 M^+ 和 A^- 的平均活度系数,与溶液中离子强度有关。

将式(4-3)和(4-4)代入式(4-2)得

$$\gamma_{M^+}[M^+] \cdot \gamma_{A^-}[A^-] = K_{sp}^0 \tag{4-5}$$

则

$$K_{sp} = [M^+][A^-] = \frac{K_{sp}^0}{\gamma_{M^+} \cdot \gamma_{A^-}} \tag{4-6}$$

式中,K_{sp}为水中微溶化合物 MA 的溶度积常数,简称为溶度积。

在纯水中,微溶化合物 MA 的溶解度很小,令 S_0 为 MA 的溶解度,则

$$S_0 = [M^+] = [A^-] \tag{4-7}$$

由于 MA 溶解甚少,又无其他电解质存在,离子的活度系数可视为1,所以式(4-5)可写成

$$K_{sp} = K_{sp}^0 = [M^+][A^-] = S_0^2 \tag{4-8}$$

可见,溶解度 S_0 是在很稀的溶液中又没有其他离子存在时的数值,由 S_0 所得的溶度积 K_{sp} 非常接近活度积 K_{sp}^0。在分析化学中,由于微溶化合物的溶解度一般都很小,溶液中的离子强度不大,故通常不考虑离子强度的影响,所以在稀溶液中,常用离子浓度乘积来研究沉淀的情况[1]。如果溶液中的离子强度较大时,则溶度积 K_{sp} 和活度积 K_{sp}^0 就有差别了,例如,讨论盐效应对沉淀溶解的影响时,就必须用活度积 K_{sp}^0 来讨论沉淀的情况。一般手册中查到的多是活度积。

对 $M_m A_n$ 型沉淀,溶度积的计算式(省略物质电荷)

$$M_m A_n \rightleftharpoons m M^{n+} + n A^{m+} \tag{4-9}$$

$$K_{sp} = [M^{n+}]^m [A^{m-}]^n \tag{4-10}$$

令该沉淀的溶解度为 S,即平衡时每升溶液中有 S(mol)的 $M_m A_n$ 溶解,同时产生 mS mol/L 的 M^{n+} 和 nS mol/L 的 A^{m-},即

$$[M^{n+}] = mS, [A^{m-}] = nS \tag{4-11}$$

于是,

---

[1] 张国惠. 水分析化学. 北京:化学工业出版社,2009.

$$K_{sp}=(mS)^m+(nS)^n=m^m \cdot n^n \cdot S^{m+n} \qquad (4\text{-}12)$$

所以

$$S=\sqrt[m+n]{\frac{K_{sp}}{m^m \cdot n^n}} \qquad (4\text{-}13)$$

2. 条件溶度积

在一定温度下,微溶电解质 MA 在纯水中其溶度积 K_{sp} 是一定的,它的大小是由微溶电解质本身的性质决定的。当外界条件变化时,如 pH 变化、络合剂的存在等,会使沉淀溶解平衡受到影响,发生副反应。考虑这些影响时的溶度积常数称为条件溶度积常数,简称条件溶度积,用 K'_{sp} 表示。K'_{sp} 与 K_{sp} 的关系是

$$K'_{sp}=K_{sp}\alpha_M\alpha_A \qquad (4\text{-}14)$$

式中,K'_{sp} 为条件溶度积;K_{sp} 为微溶化合物的溶度积;α_M、α_A 为微溶化合物水溶液中 M^+ 和 A^- 的副反应系数,与络合平衡中算法相同。

当 pH、温度、离子强度、络合剂浓度等一定时,K'_{sp} 是一常数。对微溶化合物的溶解度 S 的计算与无副反应完全相同,只是 K^0_{sp} 代替 K_{sp}。

4.1.2 影响沉淀溶解度的因素

1. 同离子效应

组成沉淀的离子称为构晶离子,例如微溶化合物 AgCl 中的 Ag^+ 和 Cl^- 为 AgCl 的构晶离子,$BaSO_4$ 沉淀中,Ba^{2+} 与 SO_4^{2-} 为 $BaSO_4$ 的构晶离子等。当沉淀反应达到平衡时,如果向溶液中加入构晶离子而使沉淀的溶解度减少的现象称为沉淀溶解平衡中的同离子效应[①]。

工业上硬水的软化,较早是采用熟石灰碳酸钠法,先测定水

---

① 张国惠. 水分析化学. 北京:化学工业出版社,2009.

中的硬度之后,再加入定量的 Ca(OH)$_2$ 及 Na$_2$CO$_3$,使 Ca^{2+} 和 Mg^{2+} 沉淀除去,就是利用同离子效应。

在锅炉水的早期软化处理中,就是利用同离子效应,加大沉淀剂的用量使被沉淀的组分沉淀完全,达到预期的处理效果。

应该注意为保证沉淀完全,一般加入沉淀剂过量 50%～100% 是合适的,但由于沉淀剂为不易挥发的,则过量 20%～30% 就可以了,否则将引起其他效应,如引起盐效应、酸效应或络合效应等副反应,反而会使沉淀的溶解度增大,影响处理效果。

2. 盐效应

在微溶化合物的饱和溶液中,加入其易溶强电解质而使沉淀的溶解度增大的现象称为盐效应[①]。例如,AgCl 在纯水中的溶解度为 1.278×10^{-5} mol/L,而在 0.01mol/L KNO$_3$ 中为 1.427×10^{-5} mol/L,其溶解度增加 12%;又如 BaSO$_4$ 在纯水中溶解度 $S=0.96\times10^{-5}$ mol/L,而在 0.01mol/L KNO$_3$ 中 $S=1.65\times10^{-5}$ mol/L,其溶解度增加 70%。强电解质(如 KNO$_3$)的加入,使溶液中少量的 Ag$^+$ 和 Cl$^-$ 或 Ba^{2+} 与 SO$_4^{2-}$ 互相碰撞、互相接触的机会减少,因而形成 AgCl 或 BaSO$_4$ 沉淀机会相应减少,也就是 AgCl 或 BaSO$_4$ 的溶解度增加。其他微溶化合物也有类似性质。

至于 AgCl 与 BaSO$_4$ 同样在 KNO$_3$ 溶液中,溶解度增加程度不同,主要是它们的构晶离子的电荷不一样,所带电荷越高,影响就越严重。如 AgCl 与 BaSO$_4$ 比较,BaSO$_4$ 构晶离子所带电荷多,其溶解度增加也越多。一般微溶化合物 MA 的溶解度都很小,溶液中离子强度不大,故常用平衡浓度代替活度 α,即认为活度系数 $\gamma=1$。

但是,在较浓的电解质溶液中,如大于 0.01mol/L 时,微溶

---

① 崔执应. 水分析化学. 北京:北京大学出版社,2006.

化合物 MA 的溶度积 K_{sp} 用活度积 K_{sp}^0 表示：

$$K_{sp}=[M][A]=\frac{K_{sp}^0}{\gamma_M \cdot \gamma_A} \tag{4-15}$$

可见，如果高价离子（如 Ba^{2+} 与 SO_4^{2-}）所带电荷比低价离子（如 Ag^+ 和 Cl^-）的多，离子强度就大，其活度系数（$\gamma_M \cdot \gamma_A$）就越小，两离子浓度之积[M][A]就越小，溶度积 K_{sp} 就越大，其盐效应就越显著。相反，强电解质浓度小于 0.01mol/L 时，可不考虑盐效应。

3. 酸效应

溶液的 pH 值对沉淀溶解度的影响称为酸效应。酸效应发生主要是由于溶液中 H^+ 浓度的大小对弱酸、多元酸或微溶酸离解平衡的影响。如果沉淀是强酸盐，如 $AgCl$、$BaSO_4$ 等，其溶解度受 pH 影响较小，但沉淀是弱酸盐（如 CaC_2O_4、$CaCO_3$、CdS）、多元酸盐[如 $Ca_3(PO_4)_2$、$MgNH_4PO_4$]或微溶酸（如 $SiO_2 \cdot nH_2O$，$WO_3 \cdot nH_2O$），以及许多与有机沉淀剂形成的沉淀，则酸效应就很显著；因此，对弱酸盐、多元酸盐需要在碱性条件下沉淀，而对本身是沉淀的 $SiO_2 \cdot nH_2O$、$WO_3 \cdot nH_2O$ 则必须在强酸条件下沉淀。

有时还利用酸效应，常将微溶化合物[例如 CaC_2O_4、$Mg(OH)_2$ 等]的饱和溶液中，增加浓度，使它们转化为易溶解的弱电解质（如 $H_2C_2O_4$、H_2O 等），达到沉淀全部溶解的目的。

4. 络合效应

当溶液中存在某种络合剂，能与构晶离子生成可溶性络合物，使沉淀溶解度增大，甚至不产生沉淀的效应称为络合反应。

例如，在饱和溶液中，微溶化合物 AgCl 的沉淀溶解平衡之后，当有 NH_3 存在时，则有银氨络离子 $Ag(NH_3)_2^+$ 生成。

$$AgCl \rightleftharpoons Ag^+ + Cl^- \xrightleftharpoons{2NH_3} Ag(NH_3)_2^+$$

可见，由于 NH_3 存在，使沉淀溶解平衡向右移，AgCl 溶解度增大。

络合剂的浓度增大,生成的络合物越稳定,使沉淀的溶解度越大,络合效应就越显著。

如果沉淀剂本身又是络合剂,则会有使沉淀的溶解度降低的同离子效应和使沉淀的溶解度增大的络合效应两种情况发生。例如,用 Cl^- 滴定水中的 Ag^+ 时,最初生成 AgCl 沉淀;若继续加入过量的 Cl^-,则 Cl^- 与 AgCl 络合成 $AgCl_2^-$ 和 $AgCl_3^{2-}$ 等络离子,使沉淀逐渐溶解。

$$Ag^+ + Cl^- \rightleftharpoons AgCl \rightleftharpoons AgCl_2^-, AgCl_3^{2-}, AgCl_4^{3-}$$

此时,不同 Cl^- 浓度下 AgCl 的溶解度可由下式计算:

$$S = [Ag^+] + [AgCl] + [AgCl_2^-] + [AgCl_3^{2-}] + [AgCl_4^{3-}]$$
$$= [Ag^+] + \beta_1[Ag^+][Cl^-] + \beta_2[Ag^+][Cl^-]^2 + \beta_3[Ag^+][Cl^-]^3 + \beta_4[Ag^+][Cl^-]^4$$
$$= \frac{K_{sp}}{S}\{1 + \beta_1[Cl^-] + \beta_2[Cl^-]^2 + \beta_3[Cl^-]^3 + \beta_4[Cl^-]^4\}$$

因此,

$$S = \sqrt{K_{sp} \cdot \alpha_{AgCl}} \tag{4-16}$$

式中,β_n 为 Ag^+ 与 Cl^- 形成的络合物的累级稳定常数。

$$\alpha_{AgCl} = 1 + \beta_1[Cl^-] + \beta_2[Cl^-]^2 + \beta_3[Cl^-]^3 + \beta_4[Cl^-]^4$$

式中,$\beta_1 = 10^{3.04}, \beta_2 = 10^{5.04}, \beta_3 = 10^{5.04}, \beta_4 = 10^{5.30}$。

如果已知道水中过量 $[Cl^-]$,可计算出 AgCl 溶解度(见表 4-1)

表 4-1 AgCl 在不同浓度的 NaCl 溶液中的溶解度

过量 C_{Cl^-}/(mol/L)	纯水	3.9×10^{-3}	9.2×10^{-3}	3.6×10^{-3}	8.8×10^{-3}	3.5×10^{-3}	5×10^{-1}
S_{AgCl}/(mol/L)	1.3×10^{-5}	7.2×10^{-7}	9.1×10^{-7}	1.9×10^{-6}	3.6×10^{-6}	1.7×10^{-5}	2.8×10^{-3}

可见,AgCl 在 3.9×10^{-3} mol/L NaCl 溶液中的溶解度比在纯水中的溶解度小 18 倍,同离子效应是主要的;若 Cl^- 浓度增大到 0.5mol/L 时,则 AgCl 溶解度超过纯水中的溶解度,此

时络合效应就占优势；Cl⁻浓度再增大,会使 AgCl 全部溶解。因此,用 Cl⁻滴定 Ag⁺时,必须严格控制 Cl⁻浓度。

通过上述讨论可见,在进行沉淀反应时,对强酸盐沉淀,在无络合反应时,主要考虑同离子效应,对弱酸盐沉淀主要考虑酸效应,对有络合反应且形成较稳定络合物时,则主要考虑络合效应。

对氢氧化物沉淀,如有氢氧基络合物形成时,其溶解度虽然可参照前面公式按 $S = \sqrt[m+n]{\dfrac{K_{sp}}{m^m \cdot n^n} \cdot \alpha_{M(OH)}}$ 计算,但对 Al^{3+}、Fe^{3+}、Th^{4+} 等容易形成多核氢氧基络合物离子,使问题变得稍复杂一些。

5. 影响沉淀溶解的其他因素

(1)温度的影响

沉淀的溶解反应,多数是吸热反应。温度升高,沉淀的溶解度一般增大。大多数沉淀在热溶液中的溶解度比冷溶液中的溶解度大,不同沉淀,温度对溶解度影响大小也不同(见图 4-1)。

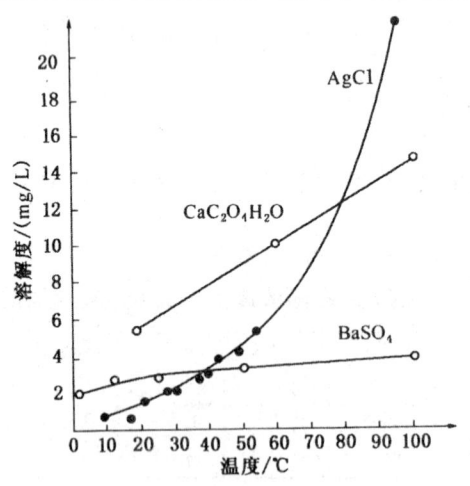

图 4-1 温度对几种沉淀物溶解度的影响

在实际分析中,如果在热溶液中,溶解度增大的沉淀,如 $MgNH_4PO_4$,洗涤过滤等操作,需在室温下进行,否则温度升高,沉淀溶解的太多而损失;相反,高价金属离子的水合氧化物在热溶液中溶解度减小的无定形沉淀,常会形成胶体溶液,如 $Fe_2O_3 \cdot nH_2O$、$Al_2O_3 \cdot nH_2O$ 金属硫化物及硅、钨、铌、钽的水合氧化物沉淀等,需趁热洗涤、过滤,否则冷却后,难洗干净、难过滤,也会带来误差。

(2)溶剂的影响

无机物沉淀大多数是离子晶体,在纯水中的溶解度比在有机溶剂中大。例如,$PbSO_4$、$CuSO_4$ 溶液中加入适量乙醇、丙醇等,则它们的溶解度明显降低。

(3)沉淀颗粒大小

同一种沉淀,在相同质量的条件下,小颗粒沉淀比大颗粒沉淀的溶解度大。这是因为,小颗粒沉淀的总表面积大,与溶液接触的机会就越多,沉淀溶解的量也就越多。例如,SrO_4 沉淀,大颗粒的溶解度为 6.2×10^{-4} mol/L,而颗粒半径为 $0.05\mu m$ 和 $0.01\mu m$ 时,溶解度分别为 6.7×10^{-4} mol/L 和 9.4×10^{-4} mol/L,它们的溶解度分别增大 8% 和 50% 左右。实际分析工作中,经常将沉淀在溶液中放一段时间,使小晶体转化为大晶体,以减少沉淀溶解度,这个过程叫陈化。陈化可使沉淀结构发生转变,例如,室温下生成 CaC_2O_4 沉淀,开始析出亚稳态:$CaC_2O_4 \cdot 2H_2O$ 和 $CaC_2O_4 \cdot 3H_2O$,放置陈化后转变为稳定态的 $CaC_2O_4 \cdot 2H_2O$。

在水处理过水分析中,常利用酸效应、络合效应等将沉淀转化为易溶化合物,使沉淀溶解。

4.2 沉淀滴定法的原理分析

4.2.1 沉淀滴定曲线

以 0.1000mol/L $AgNO_3$ 滴定 20.00ml 0.1000mol/L NaCl 为例。

1. 计量点之前

滴定之前，为 NaCl 溶液，$[Ag^+]=0$。滴定开始至计量点之前，由于同离子效应，AgCl 沉淀所溶解出的 Cl^- 很少，一般可忽略。因此，可根据溶液中某一时刻的 $[Cl^-]$ 和 $K_{sp \cdot AgCl}$ 来计算此时的 $[Ag^+]$ 和 pAg（Ag^+ 浓度的负对数）。

例如，滴入 $AgNO_3$ 标准溶液 19.98mL 时，则

$$[Cl^-]=\frac{0.1000\times(20.00-19.98)}{19.98+20.00}=5.0\times10^{-5}\,mol/L$$

$$[Ag^+]=\frac{K_{sp \cdot AgCl}}{[Cl^-]}=\frac{1.8\times10^{-10}}{5.0\times10^{-5}}=3.6\times10^{-6}\,mol/L$$

$$pAg=5.44$$

同样方法，计算出计量点之前滴入 0.1000mol/L。$AgNO_3$ 不同量时的 pAg 值。

2. 计量点时

此时已滴入 20.00mL 0.1000mol/L $AgNO_3$ 溶液，可以认为 Ag^+ 与 Cl^- 的量完全由 AgCl 溶解所产生的，且 $[Ag^+]=[Cl^-]$。所以

$$[Ag^+]=[Cl^-]=\sqrt{K_{sp \cdot AgCl}}=1.34\times10^{-5}\,mol/L$$

$$pAg=4.87$$

3. 计量点后

计量点之后，溶液中有 AgCl 沉淀和过量的 $AgNO_3$，同样由于同离子效应，使 AgCl 沉淀所溶解出的 Ag^+ 极少，可忽略不计。因此，只按过量 $AgNO_3$ 的量近似求得 $[Ag^+]$。

例如，滴入 20.02mL $AgNO_3$，则

$$[Ag^+]=\frac{0.1000\times(20.02-20.00)}{20.02+20.00}=5.0\times10^{-5}\,mol/L$$

$$pAg=4.3$$

同样按类似方法求得计量点之后的 pAg 值。以 0.1000mL $AgNO_3$ 标准溶液的滴入量（mL）为横坐标，以对应的 pAg 为纵

坐标,绘制的曲线为沉淀滴定曲线(见图 4-2)。可见 AgNO₃ 标准溶液滴定水中 Cl⁻ 的突跃范围是 pAg=5.44~4.3；沉淀滴定的突跃范围与滴定剂和被沉淀物质的浓度有关,滴定剂的浓度越大,滴定突跃就越大；除此之外,还与沉淀的 K_{sp} 大小有关,沉淀的 K_{sp} 值越大,即沉淀的溶解度越大,滴定突跃就越小。

例如,AgCl 的 $K_{sp}=1.8\times10^{-10}$,而 AgI 的 $K_{sp}=8.3\times10^{-17}$,因此,用 AgNO₃ 滴定 Cl⁻ 的突跃就比滴定同浓度的 I⁻ 时的突跃小(见图 4-2)。

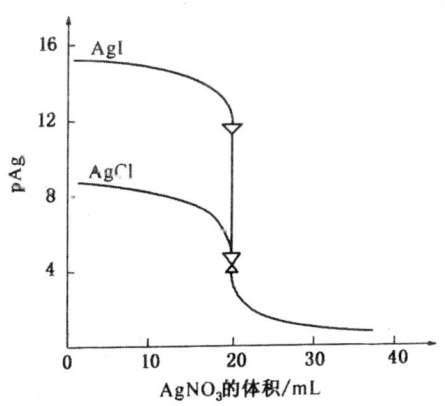

图 4-2 0.1000mL AgNO₃ 滴定同浓度 NaCl 或 NaI 的滴定曲线

4.2.2 莫尔法

莫尔法是以 K₂CrO₄ 为指示剂,用 AgNO₃ 作标准溶液,在中性或弱碱性条件下对 Cl⁻ 或 Br⁻ 进行分析测定的方法。

1. 莫尔法的原理

测定水中 Cl⁻ 时,在中性水样中加入 K₂CrO₄ 指示剂,用 AgNO₃ 标准溶液滴定,首先生成 AgCl 沉淀($K_{sp,AgCl}=1.8\times10^{-10}$),反应式如下：

$$Ag^+ + Cl^- \rightleftharpoons AgCl\downarrow$$
（白色）

根据分步沉淀原理,由于 AgCl 的溶解度比 Ag₂CrO₄ 小,滴定过程中 AgCl 先析出,当 AgCl 定量沉淀后,稍过量的 Ag^+ 便与 CrO_4^{2-} 生成砖红色 Ag_2CrO_4($K_{sp \cdot Ag_2CrO_4} = 1.1 \times 10^{-12}$)沉淀,而指示滴定终点,即

$$2Ag^+ + CrO_4^{2-} = \underset{(砖红色)}{Ag_2CrO_4 \downarrow}$$

根据 $AgNO_3$ 标准溶液的浓度和用量,便可求得水中 Cl^- 的含量。

2. 滴定条件

(1)指示剂 K_2CrO_4 的用量

根据溶度积原则,化学计量点时溶液中的 Ag^+ 和 Cl^- 的浓度为

$$[Ag^+] = [Cl^-] = \sqrt{K_{sp \cdot AgCl}} = \sqrt{1.8 \times 10^{-10}} = 1.34 \times 10^{-5} \text{ mol/L}$$

化学计量点时,要求刚好析出砖红色 Ag_2CrO_4 沉淀以指示终点,从理论上可以计算出此时所需的 CrO_4^{2-} 的浓度为

$$[CrO_4^{2-}] = \frac{K_{sp \cdot Ag_2CrO_4}}{[Ag^+]^2} = \frac{1.1 \times 10^{-12}}{(1.34 \times 10^{-5})^2} = 6.1 \times 10^{-3} \text{ mol/L}$$

根据测定原理,如果 K_2CrO_4 加入量过多,即 CrO_4^{2-} 过高,则 Ag_2CrO_4 沉淀析出偏早,使测定的 Cl^- 浓度偏低,且 K_2CrO_4 的黄色也影响颜色观察。相反,如果 K_2CrO_4 加入量过少,即 CrO_4^{2-} 过低,则 Ag_2CrO_4 沉淀析出偏迟,使测定结果偏高。因此,指示剂 K_2CrO_4 的加入量,应使 Ag_2CrO_4 沉淀的产生,恰好在计量点时发生。

实际分析工作中,指示剂 K_2CrO_4 的浓度略低一点为好,一般采用 5.0×10^{-3} mol/L 左右为宜。这样,Ag_2CrO_4 沉淀时虽然比计量点略迟些,即 $AgNO_3$ 标准溶液稍多消耗一点,影响不大,且还可用蒸馏水空白试验扣除。

如果终点时 CrO_4^{2-} 的浓度为 5.0×10^{-3} mol/L,滴定呈现 Ag_2CrO_4 砖红色沉淀为滴定终点时,此时

$$[Ag^+]_{ep}=\sqrt{\frac{K_{sp\cdot Ag_2CrO_4}}{CrO_4^{2-}}}=\sqrt{\frac{1.1\times10^{-12}}{5\times10^{-3}}}=1.5\times10^{-5}\text{mol/L}$$

而滴定终点时：$[Cl^-]_{ep}$ 为

$$[Cl^-]_{ep}=\frac{K_{sp\cdot AgCl}}{[Ag^+]_{ep}}=\frac{1.8\times10^{-10}}{1.5\times10^{-5}}=1.2\times10^{-5}$$

参照强碱酸滴定终点误差公式求得终点误差：

$$TE=\frac{[Ag^+]_{ep}-[Cl^-]_{ep}}{C_{Cl^-\cdot sp}}\times100\%$$

$$=\frac{1.5\times10^{-5}-1.2\times10^{-5}}{0.05}\times100\%$$

$$=+0.006\%$$

可见，用 0.1mol/L AgNO$_3$ 溶液滴定 0.1000mL Cl$^-$，指示剂 K$_2$CrO$_4$ 的浓度为 5.0×10^{-3} mol/L 时，终点误差仅为 +0.006%，基本上不影响分析结果的准确度。

(2) 溶液的 pH 值

在酸性条件下，CrO$_4^{2-}$ 与 H$^+$ 发生如下反应：

$$2CrO_4^{2-}+2H^+\rightleftharpoons 2HCrO_4^-\rightleftharpoons Cr_2O_7^{2-}+H_2O$$

当 pH 值减少，H$^+$ 浓度增大时，平衡向右移动，CrO$_4^{2-}$ 减少，为了达到 $K_{sp\cdot Ag_2CrO_4}$，就必须加入过量 Ag$^+$，才会有 Ag$_2$CrO$_4$ 沉淀，导致终点拖后而引起滴定误差较大。

在强碱性条件下，Ag$^+$ 将生成 Ag$_2$O 沉淀。

$$2Ag^++2OH^-=2AgOH\downarrow$$
$$\hookrightarrow Ag_2O+H_2O$$

因此，莫尔法只能在中性或弱碱性溶液中进行，即在 pH=6.5~10.5 范围内进行滴定。如果水样为酸性或强碱性，可用酚酞作指示剂，以稀 NaOH 溶液或稀 H$_2$SO$_4$ 溶液调节酚酞的红色刚好褪去。

如果水样中有铵盐存在，应控制水样 pH=6.5~7.2，否则 pH 较高时，将有游离 NH$_3$ 存在，而 NH$_3$ 与 Ag$^+$ 形成 Ag(NH$_3$)$^+$ 和 Ag(NH$_3$)$_2^+$，使水溶液中 AgCl 和 Ag$_2$CrO$_4$ 沉淀的溶解度增大，

影响滴定的准确度。假因此,为防止 NH_3 存在下络合效应的影响,测定前应加入适量的碱,是大部分 NH_3 挥发出去,然后再调节水样的 pH 至适宜的范围内,进行滴定。

(3)滴定时必须剧烈摇动

在用 $AgNO_3$ 标准溶液滴定 Cl^- 时,于计量点之前,析出的 AgCl 会吸附溶液中过量的构晶离子 Cl^-,使溶液中 Cl^- 浓度降低,导致终点提前。所以滴定时必须剧烈摇动滴定瓶,防止 Cl^- 被 AgCl 吸附。

莫尔法测定 Br^- 时,AgBr 对 Br^- 的吸附比 AgCl 对 Cl^- 的吸附更严重,滴定时更要注意剧烈摇动,否则将造成较大误差。

3. 干扰去除及应用

大量有色离子(如 Cu^{2+}、Co^{2+}、Ni^{2+} 等),影响终点观察;废水中有机物的含量高、色度大或水样浑浊,难以辨别滴定终点时,可以采用加入 $Al(OH)_3$ 悬浮液沉降过滤的方法去除干扰。水中含有可与 Ag^+ 生成沉淀的阴离子(如 PO_4^{3-}、AsO_3^{3-}、SO_3^{2-}、S^{2-}、CO_3^{2-}、$C_2O_4^{2-}$ 等),都干扰测定,对于含硫的还原剂,可用 H_2O_2 予以消除;Al^{3+}、Fe^{3+}、Bi^{3+}、Sn^{4+} 等高价金属离子在中性或弱碱性溶液中发生水解;Ba^{2+}、Pb^{2+} 能与 CrO_4^{2-} 生成 $BaCrO_4$ 和 $PbCrO_4$ 沉淀,也干扰测定。但 Ba^{2+} 的干扰可通过加入过量的 Na_2SO_4 消除。铁含量超过 10mg/L 时使终点模糊,可用对苯二酚还原成 Fe^{2+} 消除干扰;少量有机物可用 $KMnO_4$ 处理消除。

AgI 和 AgSCN 沉淀吸附 I^- 和 SCN^- 更强烈,所以莫尔法不适用于测定 I^- 和 SCN^-。也不适用于以 NaCl 标准溶液测定 Ag^+,因为水中 Ag^+ 试液中加入的指示剂 K_2CrO_4 作用,将立即生成大量的 Ag_2CrO_4 沉淀,滴定至计量点时,Cl^- 很难及时夺取 Ag_2CrO_4 中的 Ag^+ 转化成 AgCl 沉淀,不能敏锐地指示终点,使测定无法进行。

莫尔法用于饮用水中测定时,水中含有的各种物质,通常数量下,一般不发生干扰。尽管 Br^-、I^-、SCN^- 等离子可同时被滴定,但因其量很少,可忽略不计。

4.2.3 佛尔哈德法

用铁铵矾即以硫酸高铁铵[$NH_4Fe(SO_4)_2 \cdot 12H_2O$]作指示剂,$NH_4SCN$(或 KSCN)为标准溶液,在酸性条件下测定水样中 Ag^+、Cl^-、Br^-、I^- 和 SCN^- 的方法的银量法称为佛尔哈德法。

1. 佛尔哈德法的原理

(1)直接滴定法测定水中 Ag^+

以硫酸高铁铵[$NH_4Fe(SO_4)_2 \cdot 12H_2O$]作指示剂,$NH_4SCN$(或 KSCN)标准溶液,直接滴定水中 Ag^+,滴定反应:

计量点时,Ag^+ 已被全部滴定完毕,稍过量的 SCN^- 便与指示剂 Fe^{3+} 生成血红色络合物 $FeSCN^{2+}$,指示终点到达,根据 NH_4SCN 标准溶液的消耗量,求得水中 Ag^+ 的含量。

(2)反滴定法测定水中卤素离子

加入过量 $AgNO_3$ 标准溶液,使水样中全部卤素离子都生成卤化银 AgX 沉淀。然后,加入指示剂铁铵矾,以 NH_4SCN 标准溶液反滴定剩余的 Ag^+。其反应如下:

$$Ag^+ + Cl^- \rightleftharpoons AgCl \downarrow$$
$$Ag^+ + SCN^- \rightleftharpoons AgSCN \downarrow$$

计量点时,稍过量的 SCN^- 便与指示剂 R^{3+} 形成血红色络合物 $FeSCN^{2+}$,指示滴定终点。根据所加入 $AgNO_3$ 标准溶液的总量和所消耗 NH_4SCN 标准溶液的量计算水中 Cl^- 的含量。

反滴定法测定水中 Cl^- 时,由于 $AgSCN(K_{sp}=1.07\times10^{-12})$ 的溶解度小于 $AgCl(K_{sp}=1.8\times10^{-10})$,所以当用 NH_4SCN 滴定 Ag^+ 至计量点时,稍过量的 SCN^- 便会置换 AgCl 中的 Cl^-,发生沉淀的转化,即

$$AgCl + SCN^- \rightleftharpoons AgSCN + Cl^-$$

剧烈摇动,会促进这种转化。这样,使本已出现的红色又逐

渐消失,而得不到正确的终点。要想得到持久的红色,就必须继续滴入 SCN⁻ 标准溶液,直至 Cl⁻ 与 SCN⁻ 之间建立一定的平衡关系为止。这就必定多消耗一部分 NH₄SCN 标准溶液,而造成较大误差为了避免这种误差,通常可采用下列两种措施:

①在加入过量 AgNO₃ 标准溶液,形成 AgCl 沉淀之后,加入少量有机溶剂量如硝基苯等 1~2mL,使 AgCl 沉淀表面覆盖一层硝基苯而与外部溶液隔开。这样就防止了 SCN⁻ 与 AgCl 发生转化反应,提高了滴定的准确度。

②水样中加入过量 AgNO₃ 标准溶液之后,将水样煮沸,使 AgCl 凝聚,以减少 AgCl 沉淀对 Ag⁺ 的吸附。滤去沉淀,并用稀 HNO₃ 洗涤沉淀。然后用 NH₄SCN 标准溶液滴定滤液中的剩余 Ag⁺。

2. 滴定条件

(1)在强酸性条件下滴定

一般溶液的[H⁺]控制在 0.1~1mol/L 之间。这时,指示剂铁铵矾中的 Fe^{3+} 主要以 $Fe(H_2O)_6^{3+}$ 形式存在,颜色较浅。如果[H⁺]较低,Fe^{3+} 将水解成棕黄色的羟基络合物 $Fe(H_2O)_5(OH)^+$ 或 $Fe_2(H_2O)_4(OH)_2^{4+}$ 等,终点颜色不明显;如果[H⁺]更低,则可能产生 $Fe(OH)_3$ 沉淀,无法指示终点。因此,佛尔哈德法应在酸性溶液中进行。

在强酸性条件下滴定是佛尔哈德法的最大优点,许多银量法的干扰离子,如 PO_4^{3-}、CO_3^{2-}、CrO_4^{2-}、AsO_4^{3-} 等许多弱酸根离子不会与 Ag^+ 反应。因此,不干扰测定,这就扩大了佛尔哈德法的应用范围。

(2)控制指示剂的用量

在含有银离子的酸性溶液中,以铁铵矾为指示剂,用 NH₄SCN 标准溶液滴定至计量点时,SCN⁻ 的浓度为

$$[SCN^-]_{sp} = [Ag^+]$$
$$= \sqrt{K_{sp,AgSCN}}$$

$$= \sqrt{1.0 \times 10^{-12}}$$
$$= 1.0 \times 10^{-6} \text{mol/L}$$

欲此时刚好能观察到 $FeSCN^{2+}$ 的明显红色,要求 $FeSCN^{2+}$ 的最低浓度应为 6.0×10^{-6} mol/L,则 Fe^{3+} 的浓度为

$$[Fe^{3+}] = \frac{[FeSCN^{2+}]}{200 \times [SCN^-]}$$
$$= \frac{6.0 \times 10^{-6}}{200 \times 1.0 \times 10^{-6}}$$
$$= 0.03 \text{mol/L}$$

由于 Fe^{3+} 浓度较高会使溶液呈较深的橙黄色,影响终点的观察,所以通常保持 Fe^{3+} 的浓度为 0.015mol/L,此时,引起的误差很小,可忽略不计。

(3) 滴定时应剧烈摇动

由于用 SCN^- 标准溶液滴定 Ag^+ 生成 AgSCN 沉淀,它对溶液中过量的构晶离子 Ag^+,有强烈的吸附作用,使 Ag^+ 浓度降低,终点出现偏早。因此,滴定时必须剧烈摇动,使被吸附的 Ag^+ 及时释放出来。

3. 干扰去除及应用

佛尔哈德法以反滴定方式广泛用于水中卤素离子的测定,尤其水中 Cl^- 的测定。如果用于测定水中 Br^- 或 I^-,则由于 $K_{sp \cdot AgBr}$(或 $K_{sp \cdot AgI}$) $< K_{sp \cdot AgSCN}$,故不会发生沉淀的转化,因此不必加入硝基苯。但是测 I^- 时,必须先加入过量 $AgNO_3$,后加入指示剂 Fe^{3+},否则水中 I^- 被 Fe^{3+} 氧化成 I_2,而使测定结果偏低。反应式为

$$2Fe^{3+} + 2I^- = 2Fe^{2+} + I_2$$

在强酸性条件下,许多弱酸根离子 PO_4^{3-}、AsO_4^{3-}、CrO_4^{2-}、SO_3^{2-}、CO_3^{2-}、$C_2O_4^{2-}$ 等都不干扰测定,所以此方法的选择性高。但如果水样中有强氧化剂、氮的低价氧化物及铜盐、汞盐等均能与 SCN^- 作用,产生干扰,故必须先除去。

若水样有色或浑浊,对终点观察有干扰,可采用电位滴定法

指示终点。如对有色或浑浊的水样进行氯化物测定时,水样可不经预处理,直接用电位滴定法测定。测定原理为:用 $AgNO_3$ 标准溶液滴定含 Cl^- 的水样时,由于滴定过程中 Ag^+ 浓度逐渐增加,而在化学计量点附近 Ag^+ 浓度迅速增加,出现滴定突跃。因此用饱和甘汞电极作参比电极,用银电极作指示电极,观察记录 Ag^+ 浓度变化而引起电位变化的规律,通过绘制滴定曲线,即可确定终点。也可选用 Ag_2S 薄膜的离子选择性电极作指示电极,测量 Ag^+ 浓度的变化情况。从而确定滴定的终点。

4.2.4 法扬司法

用吸附指示剂指示滴定终点的银量法,称为法扬司法。

1. 法扬司法的原理

当用 $AgNO_3$ 标准溶液滴定水中 Cl^- 时,以荧光黄作为吸附指示剂,它是一种有机弱酸,可用 HFI 符号表示,在溶液中它可离解为荧光黄阴离子 FI^-,呈黄绿色。

当溶液的 pH=7~10.5 时,荧光黄主要以 FI^- 型体存在。在计量点之前,AgCl 沉淀胶体微粒吸附过量的 Cl^- 而带负电荷,不会吸附指示剂阴离子 FI^-,溶液呈黄绿色,而在计量点时,过量 1 滴 $AgNO_3$ 标准溶液即可使 AgCl 沉淀胶体微粒吸附 Ag^+ 而带正电荷。这时,带正电荷的胶体微粒极易吸附 FI^-,便在 AgCl 表面可能形成了荧光黄银化合物而呈淡红色,使整个溶液由黄绿色变成淡红色,指示滴定终点到达。

如果用 NaCl 标准溶液滴定水中 Ag^+,则颜色变化正好相反,是由淡红色变为黄绿色。

2. 滴定条件

(1)卤化银沉淀的表面积

由手吸附指示剂的颜色变化发生在沉淀胶体微粒的表面

上,为使终点变色敏锐,应尽量使卤化银成为小颗粒沉淀①,以保持较大的总表面积,来吸附更多的指示剂。所以,在滴定前将溶液稀释,并加入糊精、淀粉等作为保护剂,以防止 AgCl 凝聚为较大颗粒的沉淀。

(2)控制溶液的 pH 值

吸附指示剂多是有机弱酸,被吸附而变色的则是其共轭碱阴离子型体,由于荧光黄的 pK≈7,所以 pH=7~10.5 范围,可使指示剂在溶液中保持其共轭碱型体,才能在滴定中真正起指示剂的作用。

(3)吸附指示剂的吸附能力要适中

一些吸附指示剂和卤素离子的吸附能力强弱次序是:

I^->二甲基二碘荧光黄>Br^->曙红>Cl^->荧光黄

一般要求吸附指示剂在卤化银上的吸附能力应略小于被测卤素离子的吸附能力。因此,$AgNO_3$ 用标准溶液测定水中 Cl^- 时,在 pH=7~10 条件下,应选用荧光黄,而不能用曙红作指示剂②;如果测定水中 Br^-,在 pH=2~10 条件下,应选用曙红,而不选用比 Br^- 吸附能力强的二甲基二碘荧光黄,也不能用远小于 Br^- 吸附能力的荧光黄;如果测定水中 I^-,在中性条件下,选用二甲基二碘荧光黄。在沉淀滴定中,两种混合离子能否准确分别滴定,决定于两种沉淀的溶度积比值的大小。

例如,用 $AgNO_3$ 溶液滴定含有相等浓度的 Br^- 和 Cl^- 的溶液时,首先达到 AgBr 的溶度积,所以 AgBr 先沉淀,而后析出 AgCl 沉淀。当 Cl^- 开始沉淀时,Br^- 和 Cl^- 浓度的比值是:

$$\frac{[Br^-]}{[Cl^-]}=\frac{K_{sp,AgBr}}{K_{sp,AgCl}}\approx 3\times 10^{-3}$$

当 Br^- 浓度降低至 Cl^- 浓度的 3‰时,同时析出两种沉淀。

---

① 宋吉娜. 水分析化学. 北京:北京大学出版社,2013.
② 张志军. 水分析化学. 北京:中国石化出版社,2009.

显然,无法进行分别滴定,只能滴定它们的总量。

又如,用 $AgNO_3$ 溶液滴定含相同浓度的 I^- 和 Cl^- 溶液时,首先 AgI 沉淀,然后 AgCl 沉淀。当 Cl^- 开始沉淀时,I^- 和 Cl^- 浓度的比值:

$$\frac{[I^-]}{[Cl^-]}=\frac{K_{sp,AgI}}{K_{sp,AgCl}}\approx 5\times 10^{-7}$$

可见,I^- 浓度降低到 Cl^- 浓度的 5×10^{-7} 时,AgCl 沉淀开始析出。理论上在滴定曲线上有两个明显突跃,但由于 AgCl 对 I^- 的吸附,会产生一定分析误差。

4.3 沉淀滴定法在水质分析中的应用

4.3.1 标准溶液的配制与标定

1. $AgNO_3$ 标准溶液

$AgNO_3$ 的纯度很高,因此能直接配制成标准溶液。但实际工作中,仍用标定法配制,以 NaCl 作基准物质,用与测定相同的方法标定,这样可消除由方法引起的误差。$AgNO_3$ 溶液应保存在棕色瓶中,以防见光分解。

2. NaCl 标准溶液

将 NaCl 基准试剂放于洁净、干燥的坩埚中,加热 500～600℃,至不再有盐的爆裂声为止。在干燥器中冷却后,直接称量配制标准溶液。

4.3.2 水中氯化物的测定

NaCl 以钠、钙和镁盐的形式存在于天然水中。天然水中的 Cl^- 来源主要是地层或土壤中盐类的溶解,故 Cl^- 含量一般不会太高,但水源水流经含有氯化物的地层或受到生活污水、工业废水及海水、海风的污染时,其 Cl^- 含量都会增高。水源水中的氯化物浓度一般都在一定浓度范围内波动。因此,当氯化物浓度突然升高时,表示水体受到污染。

饮用水中氯化物的味觉阈主要取决于所结合阳离子的种类,一般情况下氯化物的味觉阈在200～300mg/L之间。其中NaCl、KCl和$CaCl_2$的味觉阈分别为210mg/L、310mg/L和222mg/L。如果用NaCl含量为400mg/L或$CaCl_2$含量为530mg/L的水来冲咖啡,就会觉得口感不佳。

尽管每天人们从饮用水中摄入的氯化物只占总摄入量的一小部分,完全不会对健康构成影响,但是由于自来水制备过程中无法去除氯化物,所以从感官性状上考虑,我国《生活饮用水卫生标准》(GB5749—2006)中将氯化物的限值定为250mg/L。

水中的Cl^-含量过高时,对设备、金属管道和构筑物都有腐蚀作用,对农作物也有损害。水中的Cl^-与Ca^{2+}、Mg^{2+}结合后构成永久硬度。因此,测定各种水中Cl^-的含量,是评价水质的标准之一。

水中Cl^-的测定主要采用莫尔法,有时也采用佛尔哈德法或其他定量分析方法。若水样有色或浑浊,对终点观察有干扰,此时可采用电位滴定法。

用莫尔法测定Cl^-应在pH=6.5～10.5的溶液中进行,干扰物质有Br^-、I^-、CN^-、SCN^-、S^{2-}、AsO_4^{2-}、PO_4^{3-}、Ba^{2+}、Pb^{2+}、Bi^{3+}和NH_3。莫尔法适用于较清洁水样中Cl^-的测定。其缺点为终点不够明显,必须在空白对照下滴定,当水中,Cl^-含量较高时,终点更难识别。

用佛尔哈德法测定Cl^-,必须在较强的酸性溶液中进行。因此,凡能生成不溶于酸的银盐离子,如Br^-、I^-、CN^-、SCN^-、S^{2-}、$[Fe(CN)_6]^{3-}$、$[Fe(CN)_6]^{4-}$等都会干扰测定。Hg^{2+}、Cu^{2+}、Ni^{2+}和Co^{2+}能与SCN^-生成配合物,也会干扰测定。

第 5 章 氧化还原滴定法及其在水质分析中的应用

氧化还原滴定法是以氧化还原反应为基础的滴定分析方法,广泛应用于水质分析及其他样品的常量分析中。该方法可以直接用来测定氧化剂和还原剂,也可以用来间接测定一些能与氧化剂和还原剂发生定量反应的物质。

一般说来,氧化还原反应机理比较复杂,有许多反应的速度较慢,有的反应还常伴随有副反应,有时介质对反应也有很大的影响。所以,氧化还原滴定分析比前面几种滴定分析都要复杂,不但要考虑到氧化还原反应本身在用于滴定分析的可能性,还要考虑到各种反应条件及滴定条件对氧化还原反应的方向、次序及进行程度等因素的影响,因此,在氧化还原反应中,要根据不同情况选择适当的反应及滴定条件。

能用于氧化还原滴定的反应较多。根据所用的氧化剂或还原剂不同,可以将氧化还原滴定法分为多种。这些方法常以氧化剂来命名,主要有高锰酸钾法、重铬酸钾法、碘法、溴酸盐法等。

5.1 氧化还原反应

5.1.1 标准电极电位与条件电极电位

氧化剂和还原剂的强弱可以用氧化还原电对的电极电位来衡量。

1. 可逆电对与不可逆电对

氧化还原电对分为可逆电对与不可逆电对两类。

(1) 可逆氧化还原电对

可逆电对是指在反应中氧化态和还原态能很快建立平衡的电对,其电极电位符合能斯特方程式,可准确计算。如 Fe^{3+}/Fe^{2+},I_2/I^-,$[Fe(CN)_6]^{3-}/[Fe(CN)_6]^{4-}$ 等电对。

(2) 不可逆氧化还原电对

不可逆电对是指在反应中不能真正建立起按氧化还原反应式所表示的氧化还原平衡电对,实际电极电位与理论电极电位相差较大,以能斯特方程式计算所得的结果仅作初步判断,如 MnO_4^-/Mn^{2+}、$Cr_2O_7^{2-}/Cr^{3+}$、O_2/H_2O_2 等电对。

根据电对氧化态与还原态系数是否相同,分对称电对和不对称电对。氧化态与还原态系数相同者为对称电对,否则为不对称电对。如 $Fe^{3+}+e^-=Fe^{2+}$,$MnO_4^-+8H^++5e^-=Mn^{2+}+4H_2O$ 等,Fe^{3+}/Fe^{2+},MnO_4^-/Mn^{2+} 为对称电对;如 $I_2+2e^-=2I^-$,$Cr_2O_7^{2-}+14H^++6e^-=2Cr^{3+}+7H_2O$ 等,I_2/I^-,$Cr_2O_7^{2-}/Cr^{3+}$ 为不对称电对。

2. 标准电极电位

对于任意的氧化还原电对可表示为 Ox/Red,氧化还原半反应为

$$Ox + ne^- \rightleftharpoons Red$$

其电对的电极电位可用能斯特方程式求得,即

$$\varphi_{Ox/Red} = \varphi^{\ominus}_{Ox/Red} + \frac{RT}{nF} \ln \frac{a_{Ox}}{a_{Red}} \tag{5-1}$$

式中,Ox/Red 为氧化还原电对(Ox/Red)的电极电位;$\varphi^{\ominus}_{Ox/Red}$ 为电对的标准电极电位;a_{Ox}、a_{Red} 为为氧化型及还原型的活度;R 为气体常数,8.314J/(mol·K);F 为法拉第常数,96485C/mol;T 为热力学温度,K;n 为电极反应中电子转移数。

在 298.15K 时

$$\varphi_{Ox/Red} = \varphi^{\ominus}_{Ox/Red} + \frac{0.0592V}{n} \lg \frac{a_{Ox}}{a_{Red}} \tag{5-2}$$

在 298K 下,当氧化型和还原型的活度均为 1mol/L 或 $\frac{a_{Ox}}{a_{Red}}$ =1,如有气体参加反应,且其分压为标准压力时,该电对相对于标准氢电极的电位为标准电极电位,用 $\varphi^{\ominus}_{Ox/Red}$ 表示。$\varphi^{\ominus}_{Ox/Red}$ 的大小仅取决于电对的本性及温度,当温度一定时,$\varphi^{\ominus}_{Ox/Red}$ 为常数。

3. 条件电极电位

在实际应用中,氧化还原电对的电位常用浓度代替活度进行计算,实际上是忽略了溶液中离子强度和副反应的影响,在定量分析中它们对电位值的影响往往很大。因此,需要考虑溶液中离子强度和副反应的影响,从而引出条件电极电位。

例如,计算 HCl 溶液中 Fe(Ⅲ)/Fe(Ⅱ)体系的电极电位时,由能斯特方程式得到

$$\varphi = \varphi^{\ominus} + 0.0592 V \lg \frac{a_{Fe^{3+}}}{a_{Fe^{2+}}}$$

$$= \varphi^{\ominus} + 0.0592 V \lg \frac{\gamma_{Fe^{3+}}[Fe^{3+}]}{\gamma_{Fe^{2+}}[Fe^{2+}]} \quad (5\text{-}3)$$

但是,在 HCl 溶液中,Fe(Ⅲ)以 Fe^{3+}、$FeOH^{2+}$、$FeCl^{2+}$、$FeCl_6^{3-}$ 等形式存在;而 Fe(Ⅱ)同样也以 Fe^{2+}、$FeOH^+$、$FeCl^+$、$FeCl_4^{2-}$ 等形式存在。若设 $C_{Fe(Ⅲ)}$、$C_{Fe(Ⅱ)}$ 表示溶液中 Fe^{3+} 及 Fe^{2+} 的总浓度,则 Fe^{3+}、Fe^{2+} 的副反应系数为

$$\alpha_{Fe(Ⅲ)} = \frac{C_{Fe(Ⅲ)}}{[Fe^{3+}]} \quad (5\text{-}4)$$

$$\alpha_{Fe(Ⅱ)} = \frac{C_{Fe(Ⅱ)}}{[Fe^{2+}]} \quad (5\text{-}5)$$

将式(5-4)、式(5-5)代入式(5-3)得

$$\varphi = \varphi^{\ominus} + 0.0592 V \lg \frac{\gamma_{Fe^{3+}} \alpha_{Fe(Ⅱ)} C_{Fe(Ⅲ)}}{\gamma_{Fe^{2+}} \alpha_{Fe(Ⅲ)} C_{Fe(Ⅱ)}} \quad (5\text{-}6)$$

式(5-6)是考虑了上述两个因素后的能斯特方程式。当溶液的离子强度很大时;γ 值也不易求得;当副反应很多时,求 α 值也很麻烦,因此这个式子的应用是很复杂的。为了简化计算,将式(5-6)改写为

$$\varphi = \varphi^{\ominus} + 0.0592\text{Vlg}\frac{\gamma_{Fe^{3+}}\alpha_{Fe(II)}}{\gamma_{Fe^{2+}}\alpha_{Fe(III)}} + 0.0592\text{Vlg}\frac{C_{Fe(III)}}{C_{Fe(II)}} \quad (5-7)$$

当 $C_{Fe(III)} = C_{Fe(II)} = 1\text{mol/L}$ 时，可得到

$$\varphi = \varphi^{\ominus} + 0.0592\text{Vlg}\frac{\gamma_{Fe^{3+}}\alpha_{Fe(II)}}{\gamma_{Fe^{2+}}\alpha_{Fe(III)}} \quad (5-8)$$

在一定的条件时，γ 和 α 是一固定值，因而式(5-8)应为常数，以 $\varphi^{\ominus\prime}$ 表示

$$\varphi^{\ominus\prime} = \varphi^{\ominus} + 0.0592\text{Vlg}\frac{\gamma_{Fe^{3+}}\alpha_{Fe(II)}}{\gamma_{Fe^{2+}}\alpha_{Fe(III)}} \quad (5-9)$$

$\varphi^{\ominus\prime}$ 称为条件电极电位，它是在特定条件下，氧化型和还原型的总浓度均为 1mol/L 或它们的浓度比率为 1 时的电位。它是校正了各种外界条件因素影响后的实际电极电位，它在条件不变时为常数，此时

$$\varphi = \varphi^{\ominus\prime} + 0.0592\text{Vlg}\frac{C_{Fe(II)}}{C_{Fe(III)}} \quad (5-10)$$

对于一般反应，通式可写成

$$\varphi_{Ox/Red} = \varphi^{\ominus}_{Ox/Red} + 0.0592\text{Vlg}\frac{C_{Ox}}{C_{Red}} \quad (5-11)$$

$$\varphi^{\ominus\prime}_{Ox/Red} = \varphi^{\ominus}_{Ox/Red} + 0.0592\text{Vlg}\frac{\gamma_{Ox}\alpha_{Red}}{\gamma_{Red}\alpha_{Ox}} \quad (5-12)$$

标准电极电位与条件电极电位的关系，与配位反应的稳定常数 K 和条件稳定常数 K' 的关系相似。$\varphi^{\ominus\prime}$ 取决于温度、活度系数和副反应系数，反映了离子强度以及各种副反应影响的总结果，用它处理问题更符合实际情况。

5.1.2 影响氧化还原反应方向的因素

氧化还原反应是由较强的氧化剂与较强的还原剂相互作用转化为较弱的还原剂和较弱的氧化剂的过程，因此，氧化还原反应的方向，可以根据反应中两个电对的电极电位大小来判断。例如反应

$$2Fe^{3+} + Sn^{2+} \rightleftharpoons 2Fe^{2+} + Sn^{4+}$$

在 1mol/L HCl 溶液中，$\varphi^{\ominus'}_{Fe^{3+}/Fe^{2+}} = 0.68V$，$\varphi^{\ominus'}_{Sn^{4+}/Sn^{2+}} = 0.15V$，由于 $\varphi^{\ominus'}_{Fe^{3+}/Fe^{2+}} > \varphi^{\ominus'}_{Sn^{4+}/Sn^{2+}}$，$Fe^{3+}$ 是较强的氧化剂，Sn^{2+} 是较强的还原剂。因此，反应从左向右进行。

氧化还原电对的电极电位与氧化剂和还原剂的浓度、溶液的酸度等因素有关。这些因素的变化影响到电极电位的改变，因而会影响反应进行的方向。

1. 浓度对反应方向的影响

在氧化还原反应中，氧化剂和还原剂的浓度不同，电极电位就不同。因此，改变氧化剂或还原剂的浓度，可能改变反应方向。

2. 溶液酸度对反应方向的影响

有 H^+ 或 OH^- 参与氧化还原反应时，改变溶液的酸度将引起反应方向的改变。例如，用 As_2O_3 作基准物质标定 I_2 标准溶液，As_2O_3 不溶于水，易溶于碱，反应式为

$$As_2O_3 + 6OH^- = 2AsO_3^{3-} + 3H_2O$$

生成的 AsO_3^{3-} 在中性条件用 I_2 溶液滴定，反应式为

$$AsO_3^{3-} + I_2 + H_2O = AsO_4^{3-} + 2I^- + 2H^+$$

其半反应为

$$AsO_4^{3-} + 2H^+ + 2e^- \rightleftharpoons AsO_3^{3-} + H_2O, \varphi^{\ominus}_{AsO_4^{3-}/AsO_3^{3-}} = 0.56$$

$$I_2 + 2e^- \rightleftharpoons 2I^-, \varphi^{\ominus}_{I_2/I^-} = 0.54$$

从标准电极电位来看，I_2 不能氧化 AsO_3^{3-}，相反，AsO_4^{3-} 能氧化 I^-。但由于在 AsO_4^{3-} 的半反应中有 H^+ 参加，故溶液的酸度对电极电位影响很大。如果调整溶液 $pH \approx 8$，即 H^+ 浓度由标准状态的 $1mol/L$ 降到 $10^{-8} mol/L$，而其他物质的浓度仍为 $1mol/L$，则

$$\varphi_{AsO_4^{3-}/AsO_3^{3-}} = \varphi^{\ominus}_{AsO_4^{3-}/AsO_3^{3-}} + \frac{0.0592V}{2} \lg \frac{[AsO_4^{3-}][H^+]^2}{[AsO_3^{3-}]}$$

$$= 0.56 + \frac{0.0592V}{2} \lg(10^{-8})^2$$

= 0.088V

$\varphi^{\ominus}_{I_2/I^-}$不受$H^+$浓度的影响,这时$\varphi_{I_2/I^-} > \varphi_{AsO_4^{3-}/AsO_3^{3-}}$,故$I_2$可以氧化$AsO_3^{3-}$,反应自左向右进行。由此可见,如果两电对标准电极电位相差不大,又有H^+或OH^-参加反应,则改变溶液酸度就有可能改变氧化还原反应的方向。

3. 生成沉淀的影响

对于一个氧化还原反应,如果加入一种能与氧化型或还原型生成沉淀的沉淀剂时,或者溶液中某种氧化型或还原型物质水解而生成沉淀时,将会改变氧化型或还原型的浓度,从而改变相应电对的电极电位,最终有可能改变氧化还原反应的方向。

例如,采用曝气法进行地下水除铁,水中的溶解氧将Fe^{2+}氧化成Fe^{3+},并生成$Fe(OH)_3$沉淀,有关反应

$$Fe^{2+} + 2HCO_3^- = Fe(OH)_2 \downarrow + 2CO_2 \uparrow$$

$$4Fe(OH)_2 + O_2 + 2H_2O = 4Fe(OH)_3$$

合并,得

$$4Fe^{2+} + 8HCO_3^- + O_2 + 2H_2O = 4Fe(OH)_3 \downarrow + 8CO_2 \uparrow$$

因为该反应氧化还原电对:$\varphi^{\ominus}_{Fe^{3+}/Fe^{2+}} = 0.77V$大于$\varphi^{\ominus}_{O_2/OH^-} = 0.40V$,仅从标准电极电位判断此反应不能进行。由于$Fe^{3+}$生成$Fe(OH)_3$沉淀,$Fe^{3+}$的平衡浓度为

$$[Fe^{3+}] = \frac{K_{sp,Fe(OH)_3}}{[OH^-]^3}$$

则

$$\varphi_{Fe^{3+}/Fe^{2+}} = \varphi^{\ominus}_{Fe^{3+}/Fe^{2+}} + 0.0592V \lg \frac{[Fe^{3+}]}{[Fe^{2+}]}$$

$$= \varphi^{\ominus}_{Fe^{3+}/Fe^{2+}} + 0.0592V \lg \frac{K_{sp,Fe(OH)_3}}{[OH^-]^3[Fe^{2+}]}$$

$$= \varphi^{\ominus}_{Fe^{3+}/Fe^{2+}} + 0.0592V \lg K_{sp,Fe(OH)_3} + 0.0592V \lg \frac{1}{[OH^-]^3[Fe^{2+}]}$$

当$[OH^-] = [Fe^{2+}] = 1mol/L$时,体系的实际电位就是Fe

$(OH)_3/Fe^{2+}$ 电对的条件电极电位。

$$\varphi_{Fe(OH)_3/Fe^{2+}}^{\ominus'} = \varphi_{Fe^{3+}/Fe^{2+}}^{\ominus} + 0.0592Vlg K_{sp,Fe(OH)_3}$$
$$= 0.77 + 0.0592Vlg(3 \times 10^{-39})$$
$$= -1.50V$$

即 $\varphi_{Fe(OH)_3/Fe^{2+}}^{\ominus'} < \varphi_{O_2/OH^-}^{\ominus}$，因此，地下水除铁采用曝气法是可行的。

又如，碘量法测定 Cu^{2+} 含量，先加入过量的 KI，其反应为

$$2Cu^{2+} + 4I^- \rightleftharpoons 2CuI\downarrow + I_2$$

$\varphi_{Cu^{2+}/Cu^+}^{\ominus} = 0.158V, \varphi_{I_2/I^-}^{\ominus} = 0.535V$

仅从两个电对的标准电极电位判断，Cu^{2+} 不能氧化 I^-。由于加入过量的 I^- 与 Cu^+ 生成 CuI 沉淀，此时 Cu^+ 浓度下降，改变了 Cu^{2+}/Cu^+ 电对的电极电位，使 Cu^{2+} 变成了较强的氧化剂，即

$$Cu^+ + I^- \rightleftharpoons CuI\downarrow, K_{sp,CuI} = 1.1 \times 10^{-12}$$

$$[Cu^+] = \frac{K_{SP,CuI}}{[I^-]}$$

则

$$\varphi_{Cu^{2+}/Cu^+} = \varphi_{Cu^{2+}/Cu^+}^{\ominus} + 0.0592Vlg\frac{[Cu^{2+}]}{[Cu^+]}$$
$$= \varphi_{Cu^{2+}/Cu^+}^{\ominus} + 0.0592Vlg\frac{[Cu^{2+}][I^-]}{K_{sp,CuI}}$$
$$= \varphi_{Cu^{2+}/Cu^+}^{\ominus} + 0.0592Vlg[Cu^{2+}][I^-]$$
$$+ 0.0592Vlg\frac{1}{K_{sp,CuI}}$$

当 $[I^-] = [Cu^{2+}] = 1mol/L$ 时，体系的实际电位就是 Cu^{2+}/CuI 电对的条件电极电位

$\varphi_{Cu^{2+}/CuI}^{\ominus'} = 0.158 - 0.0592Vlg(1.1 \times 10^{-12}) = 0.865V$

因为 $\varphi_{Cu^{2+}/CuI}^{\ominus'} > \varphi_{I_2/I^-}^{\ominus}$，使反应向生成 CuI 沉淀并析出 I_2 的方向进行。

4. 生成配合物的影响

在氧化还原反应中，如果溶液中有能与氧化型或还原型生

成配合物,能改变平衡体系中某种离子的浓度,从而改变有关电对的电极电位,使氧化还原反应的方向发生改变。

例如,用碘量法测定 Cu^{2+} 时,如果溶液中有 Fe^{3+} 存在,则 Fe^{3+} 氧化 I^-,对 Cu^{2+} 的测定有干扰,加入 NH_4F(或 NH_4HF_2),则 Fe^{3+} 与 F^- 生成 $[FeF_6]^{3-}$ 配合物,从而降低了 Fe^{3+}/Fe^{2+} 电对的电极电位,使 Fe^{3+} 失去氧化 I^- 的能力,不再干扰碘量法滴定 Cu^{2+}。

5.1.3 氧化还原反应进行的程度

氧化还原反应进行的程度可用平衡常数的大小来衡量。

1. 氧化还原反应的平衡常数

氧化还原反应的平衡常数可根据能斯方程式从有关电对的标准电极电位或条件电极电位求得。若用的是条件电极电位,则求得的是条件平衡常数 K'。

氧化还原反应的通式为

$$n_2 Ox_1 + n_1 Red_2 \rightleftharpoons n_2 Red_1 + n_1 Ox_2 \tag{5-13}$$

式中,Ox 为氧化态物质;Red 为还原态物质。

平衡常数

$$K = \frac{a_{Red_1}^{n_2} \cdot a_{Ox_2}^{n_1}}{a_{Ox_1}^{n_2} \cdot a_{Red_2}^{n_1}} \tag{5-14}$$

Ox_1/Red_1 与 Ox_2/Red_2 两个电对得半反应和电极电位分别表示如下:

$$Ox_1 + n_1 e^- \rightleftharpoons Red_1 \tag{5-15}$$

$$\varphi_1 = \varphi_1^\ominus + \frac{0.0592V}{n_1} \lg \frac{a_{Ox_1}}{a_{Red_1}}$$

与

$$Ox_2 + n_2 e^- \rightleftharpoons Red_2 \tag{5-16}$$

$$\varphi_2 = \varphi_2^\ominus + \frac{0.0592V}{n_2} \lg \frac{a_{Ox_2}}{a_{Red_2}}$$

反应达到平衡时,$\varphi_1 = \varphi_2$,即

$$\varphi_1^\ominus + \frac{0.0592\text{V}}{n_1}\lg\frac{a_{\text{Ox}_1}}{a_{\text{Red}_1}} = \varphi_2^\ominus + \frac{0.0592\text{V}}{n_2}\lg\frac{a_{\text{Ox}_2}}{a_{\text{Red}_2}}$$

两边同乘以 n_1、n_2，整理后得到

$$\lg K = \lg\left(\frac{a_{\text{Red}_1}^{n_2} \cdot a_{\text{Ox}_2}^{n_1}}{a_{\text{Ox}_1}^{n_2} \cdot a_{\text{Red}_2}^{n_1}}\right) = \frac{(\varphi_1^\ominus - \varphi_2^\ominus)n_1 \cdot n_2}{0.0592\text{V}}$$

或

$$\lg K = \frac{(\varphi_1^\ominus - \varphi_2^\ominus)n}{0.0592\text{V}}$$

则 $\lg K = \dfrac{(\varphi_1^\ominus - \varphi_2^\ominus)n_1 \cdot n_2}{0.0592\text{V}}$ 或 $\lg K = \dfrac{(\varphi_1^\ominus - \varphi_2^\ominus)n}{0.0592\text{V}}$ （5-17）

式中，K 为氧化还原反应的平衡常数；$\varphi_1^\ominus$ 与 $\varphi_2^\ominus$ 为两点对的标准点位；n_1 与 n_2 为氧化剂与还原剂半反应中的电子转移数；n 为 n_1 和 n_2 的最小公倍数。

如果考虑溶液中各种副反应的影响，用标准电极电位 $\varphi^{\ominus\prime}$ 代替 $\varphi^\ominus$，所得平衡常数以 K' 表示，即

$$\lg K' = \frac{(\varphi_1^{\ominus\prime} - \varphi_2^{\ominus\prime})n_1 \cdot n_2}{0.0592\text{V}} \text{ 或 } \lg K' = \frac{(\varphi_1^{\ominus\prime} - \varphi_2^{\ominus\prime})n'}{0.0592\text{V}} \quad (5\text{-}18)$$

其中

$$K' = \frac{C_{\text{Red}_1}^{n_2} \cdot C_{\text{Ox}_2}^{n_1}}{C_{\text{Ox}_1}^{n_2} \cdot C_{\text{Red}_2}^{n_1}}$$

氧化还原反应的条件平衡常数 K' 值的大小是由氧化剂和还原剂两电对的条件电极电位差和转移的电子数决定的。$\Delta\varphi^\ominus$ 和 $\Delta\varphi^{\ominus\prime}$ 差值越大，K 或 K' 也越大，反应进行得越完全。在氧化还原滴定中，通常是在一点条件下进行的，且滴定剂和被滴定水样中物质的浓度均是以总浓度表示的，难以比较两个点对的 $\varphi^{\ominus\prime}$，由 $\lg K'$ 来判断氧化还原反应的完全程度更符合实际。

2. 计量点时反应进行的程度

达到计量点时，根据平衡常数求得氧化态与还原态浓度的比值，用该比值表示氧化还原反应进行的完全程度。那么比值有多大，即 K 或 K' 值达到多大时，反应才能进行完全呢？一

般,满足滴定分析,反应的完全程度应当在99.9%以上,即在化学计量点时,反应产物的浓度应大于或等于反应物的起始浓度的99.9%,而反应后剩余物质应小于或等于起始浓度的0.1%。即

$$\frac{C_{Ox_1}}{C_{Red_1}} \leqslant 0.1\% = 10^{-3}$$

$$\frac{C_{Ox_2}}{C_{Red_2}} \leqslant 0.1\% = 10^{-3}$$

$$\lg K' = \lg(\frac{C_{Red_1}}{C_{Ox_1}})(\frac{C_{Ox_2}}{C_{Red_2}}) \geqslant \lg(10^3 \times 10^3) = \lg 10^6 = 6$$

即

$$\lg K' \geqslant 6 \qquad (5\text{-}19)$$

代入式(5-18),得

$$\varphi_1^{\ominus'} - \varphi_2^{\ominus'} = \frac{0.0592V}{n_1 n_2} \lg K' \geqslant 0.0592V \times 6 \approx 0.35V$$

即

$$\varphi_1^{\ominus'} - \varphi_2^{\ominus'} \geqslant 0.40V \qquad (5\text{-}20)$$

当 $\lg K' \geqslant 6$ 或 $\varphi_1^{\ominus'} - \varphi_2^{\ominus'} \geqslant 0.40V$ 时,反应就能进行完全,这样的反应才能用于滴定分析。因此,对于电子转移数为1的氧化还原反应,将 $\lg K' \geqslant 6$ 或者 $\Delta\varphi^{\ominus'} \geqslant 0.40V$ 作为氧化还原滴定法能够直接进行准确滴定的条件。

对于 $n_1 \neq n_2$ 的反应,则有

$$\lg K' \geqslant 3(n_1 + n_2) \qquad (5\text{-}21)$$

或

$$\varphi_1^{\ominus'} - \varphi_2^{\ominus'} \geqslant 3(n_1 + n_2) \times \frac{0.0592}{n_1 \cdot n_2}$$

例如,在 1mol/L H_2SO_4 溶液中,$K_2Cr_2O_7$ 与 Fe^{2+} 反应

$$Cr_2O_7^{2-} + 6Fe^{2+} + 14H^+ \rightleftharpoons 2Cr^{3+} + 6Fe^{3+} + 7H_2O$$

已知

$$Cr_2O_7^{2-} + 14H^+ + 6e^- \rightleftharpoons 2Cr^{3+} + 7H_2O$$

$$\varphi_1^{\ominus'} = 1.05V, n_1 = 6$$

$$Fe^{3+} + e^- \rightleftharpoons Fe^{2+}$$

$$\varphi_2^{\ominus\prime} = 0.68\text{V}, n_2 = 1$$

$$\lg K' = \frac{(\varphi_1^{\ominus\prime} - \varphi_2^{\ominus\prime})n_1 n_2}{0.0592\text{V}}$$

$$= \frac{(1.05 - 0.68)\text{V} \times 6 \times 1}{0.0592\text{V}}$$

$$= 37.63 > 6$$

$$K' = 4.3 \times 10^{37}$$

说明反映自左向右进行得很完全,即在上述条件下可以用 $K_2Cr_2O_7$ 滴定 Fe^{2+}。

5.1.4 氧化还原反应的速率

滴定分析要求化学反应不但要能定量地进行,而且应该有足够的反应速率。在氧化还原反应中,根据电极电位及平衡常数,可以判断反应进行的方向和完全程度。但这只能指出反应进行的可能性,并不能说明反应的速率。由于许多氧化还原反应较复杂,通常在一定时间内才能完成,所以在氧化还原滴定中,必须设法创造条件加快反应速率。影响氧化还原反应速率的因素有浓度、温度和催化剂等。

1. 浓度的影响

根据质量作用定律,反应速率与反应物浓度成正比。由于氧化还原反应的机理较为复杂,反应常常是分步进行的,因此,不能从总的反应式来判断反应物浓度对反应速率的影响程度。但一般说来,增加反应物浓度可以加速反应的进行。例如,用 $K_2Cr_2O_7$ 标定 $Na_2S_2O_3$ 溶液时,加入适量的 KI,在强酸性介质中与 $K_2Cr_2O_7$ 反应。

$$Cr_2O_7^{2-} + 6I^- + 14H^+ = 2Cr^{3+} + 3I_2 + 7H_2O$$

提高 I^- 及 H^+ 浓度,都可以使反应速率加快,其中 H^+ 的浓度对于反应速率影响更大。为使此反应进行较快,通常 I^- 浓度过量 5 倍,并在 0.4mol/L 酸度下进行。

2. 温度的影响

根据阿仑尼乌斯公式,可求得溶液得温度每升高 10℃,反应速度增加 2~4 倍。温度的升高,不仅增加了反应物之间的碰撞几率,更重要的是增加了活化分子或活化离子的量,所以提高了反应速度。

例如,用 $KMnO_4$ 滴定 $H_2C_2O_4$ 的主要反应:

$$2MnO_4^- + 5C_2O_4^{2-} + 16H^+ \rightleftharpoons 2Mn^{2+} + 10CO_2 + 8H_2O$$

该反应在室温下不易进行,升温至 80℃时,反应便能加快到可进行滴定的速度。因此,用 $KMnO_4$ 滴定 $H_2C_2O_4$ 时,温度控制在 75~85℃之间。温度不能太高,如大于 90℃时,则 $H_2C_2O_4$ 易分解。

$$H_2C_2O_4 \rightleftharpoons CO_2 + CO + H_2O$$

有些氧化还原反应速度虽然很慢,但也不能加热,如用 $K_2Cr_2O_7$ 为基准物质标定 $Na_2S_2O_3$ 时的主要反应:

$$Cr_2O_7^{2-} + 14H^+ + 6I^- \rightleftharpoons 2Cr^{3+} + 3I_2 + 7H_2O$$

$$2S_2O_3^{2-} + I_2 \rightleftharpoons S_4O_6^{2-} + 2I^-$$

对于这类反应,加热会使 I_2 挥发损失,只能提高 H^+ 的浓度,加快反应速度。

3. 催化剂的影响

加入催化剂,改变反应的历程,可降低反应的活化能,使反应速度加快。催化剂以循环方式参加反应,但最终并不改变其本身的状态和数量。例如,$KMnO_4$ 与 $H_2C_2O_4$ 的反应,即使加热,反应速度仍较小,但若加入 Mn^{2+},则该反应的速度将大大提高。其催化反应的机理,一般认为 MnO_4^{2-} 与 $C_2O_4^{2-}$ 间的反应也是分步进行的,其反应机理可能是在 $C_2O_4^{2-}$ 存在下,Mn^{2+} 被 MnO_4^{2-} 氧化成 Mn(Ⅲ)。

$$MnO_4^- + 4Mn^{2+} + 5nC_2O_4^{2-} + 8H^+ \rightleftharpoons 5Mn(C_2O_4)_n^{(3-2n)}$$

而 Mn(Ⅲ)又与 $C_2O_4^{2-}$ 生成一系列络合物,[如 $Mn(C_2O_4)^+$、$Mn(C_2O_4)_2^-$、$Mn(C_2O_4)_3^{3-}$ 等],这些络合物再分解为 Mn^{2+} 与

CO_2，于是作为催化剂的 Mn^{2+} 又回复到原来的状态。

上述反应过程可简单表示如下：

$$Mn(VII) \xrightarrow{Mn^{2+}} Mn(VI) + Mn(III)$$

$$Mn(VI) \xrightarrow{Mn^{2+}} Mn(IV) + Mn(III)$$

$$Mn(IV) \xrightarrow{Mn^{2+}} Mn(III)$$

$$Mn(III) \xrightarrow{C_2O_4^{2-}} Mn(C_2O_4)_n^{(3-2n)} \longrightarrow Mn^{2+} + CO_2 \uparrow$$

4. 诱导反应

在氧化还原反应中，有些反应速率很小或几乎不发生反应，当有另一个反应进行时，会加速这一反应的进行，此现象称为诱导效应。例如 $KMnO_4$ 氧化 Cl^- 的速率很慢，当溶液中同时存在 Fe^{2+} 时，$KMnO_4$ 与 Fe^{2+} 的反应会加速 $KMnO_4$ 与 Cl^- 的反应。

$$MnO_4^- + 5Fe^{2+} + 8H^+ \rightleftharpoons Mn^{2+} + 5Fe^{3+} + 4H_2O（诱导反应）$$

$$MnO_4^- + 10Cl^- + 16H^+ \rightleftharpoons 2Mn^{2+} + 5Cl_2 \uparrow + 8H_2O（受诱反应）$$

在稀 HCl 介质中用 $KMnO_4$ 滴定 Fe^{2+}，因发生诱导反应，增加了 $KMnO_4$ 的用量，使测定结果偏高。所以用 $KMnO_4$ 法测定 Fe^{2+}，一般不用 HCl，而用 H_2SO_4 作介质。如果溶液加入过量的 $MnSO_4$，由于 Mn^{2+} 的催化作用，Mn^{2+} 与 $Mn(VII)$ 作用转化为 $Mn(III)$，$Mn(III)$ 与 Fe^{2+} 反应，$KMnO_4$ 与 Cl^- 不起反应，就可避免 $KMnO_4$ 氧化 Cl^-。

5.2 氧化还原指示剂

在氧化还原滴定中，除了用电位法确定终点外，还可利用指示剂颜色的转变来确定滴定终点。

5.2.1 氧化还原指示剂

这类指示剂本身具有氧化还原性质，它的氧化型和还原型具有不同的颜色，利用指示剂由氧化型变为还原型，或由还原型变为氧化型,根据颜色的突变来指示滴定终点。

1. 氧化还原指示剂的变色范围

若用 In(Ox) 和 In(Red) 分别表示指示剂的氧化型和还原型,其半反应和能斯特方程式为

$$\text{In(Ox)} + n\text{e}^- \rightleftharpoons \text{In(Red)} \tag{5-22}$$

$$\varphi_{\text{In}} = \varphi_{\text{In}}^{\ominus\prime} + \frac{0.0592\text{V}}{n} \lg \frac{C_{\text{In(Ox)}}}{C_{\text{In(Red)}}} \tag{5-23}$$

当 $C_{\text{In(Ox)}} = C_{\text{In(Red)}}$ 时,二者的颜色相同,溶液的电位 $\varphi_{\text{In}} = \varphi_{\text{In}}^{\ominus\prime}$,为氧化还原指示剂的理论变色点。

当 $C_{\text{In(Ox)}}/C_{\text{In(Red)}} \geqslant 10$ 时,溶液呈现 In(Ox) 的颜色,此时溶液的电位为

$$\varphi_{\text{In}} \geqslant \varphi_{\text{In}}^{\ominus\prime} + \frac{0.0592\text{V}}{n} \lg 10 = \varphi_{\text{In}}^{\ominus\prime} + \frac{0.0592\text{V}}{n}$$

当 $C_{\text{In(Ox)}}/C_{\text{In(Red)}} \leqslant 0.1$ 时,溶液呈现 In(Red) 的颜色,此时溶液的电位为

$$\varphi_{\text{In}} \geqslant \varphi_{\text{In}}^{\ominus\prime} + \frac{0.0592\text{V}}{n} \lg 0.1 = \varphi_{\text{In}}^{\ominus\prime} - \frac{0.0592\text{V}}{n}$$

所以,氧化还原指示剂的理论变色范围为

$$\varphi_{\text{In}} = \varphi_{\text{In}}^{\ominus\prime} \pm \frac{0.0592\text{V}}{n} \tag{5-24}$$

当 $n=1$ 时,指示剂变色的电极电位范围为 $\varphi_{\text{In}}^{\ominus\prime} \pm 0.0592\text{V}$; $n=2$ 时,为 $\varphi_{\text{In}}^{\ominus\prime} \pm 0.030\text{V}$。由于此范围甚小,一般用指示剂的条件电极电位来估量指示剂变色的电位范围。

2. 氧化还原指示剂的选择

在选择时应使指示剂的条件电极电位落在滴定电位的突跃范围内,且与化学计量点的电位一致或接近。表 5-1 列出一些常用的氧化还原指示剂。

例如,在酸性溶液中,用 $\text{Ce(SO}_4\text{)}_2$ 滴定 Fe^{2+} 时,滴定曲线的突跃范围为 0.86~1.26V,计量点电位 $\varphi_{\text{sp}} = 1.06\text{V}$,所以最好选用邻二氮菲亚铁($\varphi_{\text{In}}^{\ominus\prime} = 1.06\text{V}$)或邻苯氨基苯甲酸($\varphi_{\text{In}}^{\ominus\prime} =$

1.08V)为指示剂,其滴定误差小于0.1%,如果选用二苯胺磺酸钠($\varphi_{In}^{\ominus'}=0.84V$)为指示剂;其滴定误差大于0.1%,再滴定至终点时,所选用的这些指示剂均有明显的颜色变化。

应该指出,如果滴定剂或被滴定剂物质有色时,滴定观察到的是与指示剂的混合色,这就要求,在计量点前后,所选用的指示剂必须仍有明显的颜色变化。

表 5-1 常用的氧化还原指示剂

指示剂	φ_{sp}/V([H$^+$]=1mol/L)	颜色变化 氧化型	颜色变化 还原型	配制方法
甲基蓝	0.53	蓝绿	无色	0.05%水溶液
二苯胺	0.76	紫	无色	0.1%浓 H$_2$SO$_4$ 溶液
二苯胺磺酸钠	0.84	紫红	无色	0.05%水溶液
羊毛红罂 A	1.00	橙红	黄绿	0.1%水溶液
邻二氮菲-亚铁	1.06	浅蓝	红	0.25mol/L 水溶液
邻苯氨基苯甲酸	1.08	紫红	无色	0.1% Na$_2$CO$_3$ 溶液
硝基邻二氮菲-亚铁	1.25	浅蓝	紫红	0.025mol/L 水溶液

3. 常用的氧化还原指示剂

(1)二苯胺磺酸钠

二苯胺磺酸钠,其分子式 C$_{12}$H$_{10}$O$_3$NSNa,白色片状晶体,易溶于水。是常用的氧化还原指示剂之一。在酸性溶液中,条件电极电位为0.85V,其氧化型为紫色,还原型为无色,电子转移数为2,指示剂的变色范围为

$$\varphi_{In}=0.85V\pm\frac{0.0592V}{2}=(0.85\pm0.03)V$$

反应过程如下:

① $2^- O_3S$—⬡—NH—⬡ $-2e^-$
（二苯胺磺酸）
↓ 氧化剂

^-O_3S—⬡—NH—⬡—⬡—NH—SO_3^- + $2H^+$
（二苯联苯胺磺酸）
（无色）

② ^-O_3S—⬡—NH—⬡—⬡—NH—SO_3^- $-2e^-$
（二苯联苯胺磺酸）
↕ 还原剂 ‖ 氧化剂

^-O_3S—⬡—NH^+=⬡=⬡=NH^+—⬡—SO_3^-
（二苯联苯胺磺酸紫）
（紫红色）

可见，在酸性溶液中，二苯胺磺酸钠首先被强氧化剂氧化为无色的二苯联苯胺磺酸，再进一步氧化为紫红色的二苯联苯胺磺酸紫。该指示剂用于 $K_2Cr_2O_7$[或 $Ce(SO_4)_2$]滴定 Fe^{2+}，滴定至终点时溶液由无色变为紫红色。相反，用 Fe^{2+} 标准溶液滴定 $K_2Cr_2O_7$、$Ce(SO_4)_2$ 等氧化剂时，以二苯胺磺酸钠为指示剂，则滴定至终点时溶液由紫红色变为无色。

(2) 邻二氮菲-亚铁

邻二氮菲-亚铁又称试亚铁灵，是由邻二氮菲与 Fe^{2+} 形成的红色配位离子 $[Fe(C_{12}H_8N_2)_3]^{2+}$，遇到氧化剂时发生颜色变化，其反应式为

$$[Fe(C_{12}H_8N_2)_3]^{2+} - e^- \rightleftharpoons [Fe(C_{12}H_8N_2)_3]^{3+}$$
　　　红色　　　　　　　　浅蓝色

在 1mol/L H_2SO_4 介质中，其条件电极电位较高，尤其适用于滴定剂为强氧化剂的滴定分析。

由于这种指示剂的条件电极电位（$\varphi_{In}^{\ominus'}$=1.06V）较高，特别适用于滴定剂为强氧化剂时的滴定。经常用于强氧化剂滴定 Fe^{2+} 的含量，终点由红色变为浅蓝色。相反，用 $K_2Cr_2O_7$ 法测定水中化学需氧量 COD 时，用 $(NH_4)_2Fe(SO_4)_2$ 标准溶液返滴定

剩余的 $K_2Cr_2O_7$ 时,如以邻二氮菲-亚铁为指示剂,滴定至终点时溶液则由浅蓝色变为红色。

邻二氮菲-亚铁离子还常作显色剂,测定水中的含量以及铜合金、纯锌和锌合金中的铁。

邻二氮菲-亚铁一般配成 0.025mol/L 水溶液,按化学计量称取邻二氮菲-亚铁溶于 0.025mol/L $FeSO_4$ 溶液中即可,可稳定一年以上。

5.2.2 自身指示剂

有些标准溶液或被滴定的物质本身具有颜色,而其反应产物无色或颜色很浅,则滴定时无需另外加入指示剂,利用标准溶液本身的颜色指示滴定终点,这就是自身指示剂。

例如,在 $KMnO_4$ 法中,用 MnO_4^- 在酸性溶液中滴定无色或浅色的还原性物质时,计量点之前,滴入的 MnO_4^- 全部被还原为无色的 Mn^{2+},整个溶液仍保持无色或浅色。达到计量点时,水中还原性物质已全部被氧化,再过量 1 滴 MnO_4^-,就可使溶液呈粉红色,指示已达滴定终点,$KMnO_4$ 就是自身指示剂。

5.2.3 专属指示剂

有的物质本身并不具有氧化还原性,但它能与氧化剂或还原剂产生特殊的颜色,因而可以指示终点,这种指示剂称为专属指示剂。

例如,可溶性淀粉溶液本身无色,在氧化还原滴定中也不发生氧化还原反应,常用于碘量法中作专属指示剂。用硫代硫酸钠 $Na_2S_2O_3$ 滴定 I_2 时,在计量点前,它与溶液中碘结合,生成深蓝色的化合物,溶液中 I_2 的浓度为 5×10^{-6} mol/L 时,即能看到蓝色,反应极为灵敏。达到计量点时,溶液中的 I_2 全部被还原为 I^-,溶液的深蓝色立即消失,指示滴定终点。

又如:在酸性溶液中用 Fe^{3+} 滴定 Sn^{2+} 时,可用 KSCN 作专属指示剂。计量点前,滴入的 Fe^{3+} 被 Sn^{2+} 还原为 Fe^{2+},溶液无色;计量点时,稍过量的 Fe^{3+} 便与 SCN^- 反应生成红色的 $Fe(SCN)^{2+}$,指示已达滴定终点。

5.3 氧化还原滴定法的原理分析

5.3.1 氧化还原滴定曲线

在氧化还原滴定过程中,随着滴定剂的加入,溶液中氧化型和还原型的浓度逐渐改变,相应电对的电极电位随之不断地改变。在化学计量点附近,体系的电位发生突变,这种电位改变的情况可用氧化还原滴定曲线来表示。滴定曲线可以通过实验测定数据绘制,对于可逆电对的氧化还原反应可根据能斯特方程式计算绘制。

在 1mol/L H_2SO_4 介质中,以用 0.1000mol/L $Ce(SO_4)_2$ 溶液滴定 20.00mL 0.1000mol/L $FeSO_4$ 溶液为例,讨论可逆电对氧化还原滴定曲线的绘制。滴定反应为

$$Ce^{4+} + Fe^{2+} \rightleftharpoons Ce^{3+} + Fe^{3+}$$

$$\varphi^{\ominus'}_{Fe^{3+}/Fe^{2+}} = 0.68V$$

$$\varphi^{\ominus'}_{Ce^{4+}/Ce^{3+}} = 1.44V$$

1. 滴定前

溶液为 0.1000mol/L $FeSO_4$,由于空气中 O_2 的氧化作用,溶液中会有少量的 Fe^{3+},组成 Fe^{3+}/Fe^{2+} 电对,但由于 Fe^{3+} 的浓度无法确定,故此时溶液的电极电位无法从理论上计算,可通过电位仪测量。

2. 化学计量点前

在化学计量点前,溶液中同时存在 Fe^{3+}/Fe^{2+} 和 Ce^{4+}/Ce^{3+} 两个电对。在滴定过程中的任何一点达到平衡时,两个电对的电位相等。

由于滴加的 Ce^{4+} 几乎全部被还原为 Ce^{3+},溶液中 Ce^{4+} 浓

度很小,不易直接求得,故不易采用 Ce^{4+}/Ce^{3+} 电对进行计算。对于 Fe^{3+}/Fe^{2+} 电对,只要知道滴入氧化剂的百分数(T,T<100%),就可采用 Fe^{3+}/Fe^{2+} 电对计算溶液的电极电位。

$$\varphi = \varphi'^{\ominus}_{Fe^{3+}/Fe^{2+}} + 0.0592V\lg \frac{C_{Fe^{3+}}}{C_{Fe^{2+}}}$$

$$= \varphi'^{\ominus}_{Fe^{3+}/Fe^{2+}} + 0.0592V\lg \frac{T}{100\% - T}$$

例如,当滴入 Ce^{4+} 溶液 19.98mL,即滴入的百分数为 99.9%,有 99.9% 的 Fe^{2+} 被氧化成 Fe^{3+},还有 0.1% 的 Fe^{2+} 未被氧化,则

$$\varphi = 0.68V + 0.05592V\lg \frac{99.9\%}{100\% - 99.9\%}$$

$$= 0.68V + 0.05592V \times 3$$

$$= 0.86V$$

3. 化学计量点时

当滴入 Ce^{4+} 溶液 20.00mL 时,即滴入的百分数为 100%,为化学计量点。此时,溶液中 Ce^{4+} 和 Fe^{2+} 几乎转化为 Ce^{3+} 和 Fe^{3+},剩余 Ce^{4+} 和 Fe^{2+} 的浓度都很小,不能直接根据一个电对计算溶液的电极电位,根据两电对电极电位相等的原则,将两电对的能斯特方程联立求化学计量点时的电极电位 φ_{sp}。

$$\varphi_{sp} = \varphi'^{\ominus}_{Ce^{4+}/Ce^{3+}} + 0.0592V\lg \frac{C_{Ce^{4+}}}{C_{Ce^{3+}}}$$

$$\varphi_{sp} = \varphi'^{\ominus}_{Fe^{3+}/Fe^{2+}} + 0.0592V\lg \frac{C_{Fe^{3+}}}{C_{Fe^{2+}}}$$

将两式相加整理得

$$2\varphi_{sp} = \varphi'^{\ominus}_{Ce^{4+}/Ce^{3+}} + \varphi'^{\ominus}_{Fe^{3+}/Fe^{2+}} + 0.0592V\lg \frac{C_{Ce^{4+}}C_{Fe^{3+}}}{C_{Ce^{3+}}C_{Fe^{2+}}}$$

化学计量点时

$$\frac{C_{Ce^{4+}}}{C_{Ce^{3+}}} = 1, \frac{C_{Fe^{3+}}}{C_{Fe^{2+}}} = 1$$

即

$$\frac{C_{Ce^{4+}} C_{Fe^{3+}}}{C_{Ce^{3+}} C_{Fe^{2+}}} = 1$$

所以

$$\varphi_{sp} = \frac{\varphi^{\ominus'}_{Ce^{4+}/Ce^{3+}} + \varphi^{\ominus'}_{Fe^{3+}/Fe^{2+}}}{2}$$

$$= \frac{1.44V + 0.68V}{2}$$

$$= 1.06V$$

若可逆电对氧化还原反应的通式为

$$n_2 Ox_1 + n_1 Red_2 \rightleftharpoons n_2 Red_1 + n_1 Ox_2$$

在化学计量点时，两电对的电极电位分别为

$$\varphi_{sp} = \varphi^{\ominus'}_{Ox_1/Red_1} + \frac{0.0592V}{n} \lg \frac{C_{Ox_1}}{C_{Red_1}} \tag{5-25}$$

$$\varphi_{sp} = \varphi^{\ominus'}_{Ox_2/Red_2} + \frac{0.0592V}{n} \lg \frac{C_{Ox_2}}{C_{Red_2}} \tag{5-26}$$

将式(5-25)×n_1和式(5-26)×n_2，相加整理得

$$(n_1 + n_2)\varphi_{sp} = n_1 \varphi^{\ominus'}_{Ox_1/Red_1} + n_2 \varphi^{\ominus'}_{Ox_2/Red_2} + \frac{0.0592V}{n} \lg \frac{C_{Ox_1} C_{Ox_2}}{C_{Red_1} C_{Red_2}}$$

因为可逆电对氧化还原反应，在计量点时

$$\frac{C_{Ox_1}}{C_{Red_1}} = 1, \frac{C_{Ox_2}}{C_{Red_2}} = 1$$

$$\frac{C_{Ox_1} C_{Ox_2}}{C_{Red_1} C_{Red_2}} = 1$$

所以

$$\varphi_{sp} = \frac{n_1 \varphi^{\ominus'}_{Ox_1/Red_1} + n_2 \varphi^{\ominus'}_{Ox_2/Red_2}}{n_1 + n_2} \tag{5-27}$$

4. 化学计量点后

加入过量的Ce^{4+}，溶液中的Fe^{2+}几乎全部被氧化为Fe^{3+}，剩余极少量Fe^{2+}的浓度不易直接求得，根据滴入过量Ce^{4+}的百分数(T，T<100%)就可知道$C_{Ce^{4+}}/C_{Ce^{3+}}$，此时可采用Ce^{4+}/Ce^{3+}电对计算溶液的电极电位。

$$\varphi_{sp} = \varphi^{\ominus\prime}_{Ce^{4+}/Ce^{3+}} + 0.0592\text{Vlg}\frac{c_{Ce^{4+}}}{c_{Ce^{3+}}}$$

$$= \varphi^{\ominus\prime}_{Ce^{4+}/Ce^{3+}} + 0.0592\text{Vlg}\frac{T-100\%}{100\%}$$

例如,当滴入 Ce^{4+} 溶液 20.02mL,即滴入的百分数为 100.1%,则

$$\varphi = 1.44\text{V} + 0.0592\text{Vlg}\frac{100.1\%-100\%}{100\%}$$

$$= 1.44\text{V} - 0.0592\text{V} \times 3$$

$$= 1.26\text{V}$$

按上述方法将滴定过程中不同点的电极电位计算列于表 5-2 中,以电极电位为纵坐标,加入滴定剂的百分数为横坐标绘制的滴定曲线如图 5-1 所示。

表 5-2 在 0.1000mol/L H_2SO_4 溶液中,用 0.1000mol/L $Ce(SO_4)_2$ 滴定 20.00mL 0.1000mol/L Fe^{2+} 溶液的电极电位

滴入 Ce^{4+} 溶液的体积 V(mL)	滴定百分数(%)	电极电位 φ(V)
1.00	5.0	0.60
2.00	10.0	0.62
4.00	20.0	0.64
8.00	40.0	0.67
10.00	50.0	0.68
12.00	60.0	0.69
18.00	90.0	0.74
19.80	99.0	0.80
19.80	99.9	0.86(A)
20.00	100.0	1.06
20.02	100.1	1.26(B)

续表

滴入 Ce^{4+} 溶液的体积 V(mL)	滴定百分数(%)	电极电位 φ(V)
22.00	110.0	1.38
30.00	150.0	1.42
40.00	200.0	1.44

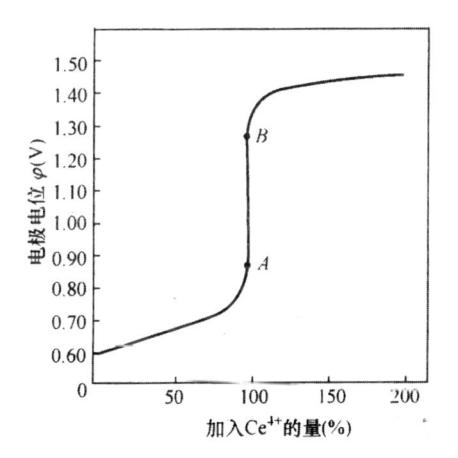

图 5-1 0.1000mol/L Ce^{4+} 溶液滴定 0.1000mol/L Fe^{2+} 的滴定曲线 (1mol/L H$_2$SO$_4$)

5.3.2 滴定突跃范围及其影响因素

1. 滴定突跃范围

由表 5-2 和图 5-1 可看出,从化学计量点前 Fe^{2+} 剩余 0.1% 到化学计量点后 Ce^{4+} 过量 0.1%,突跃范围为 0.86~1.26V,溶液的电极电位变化了 0.4V。

由前面的推导可知,以氧化剂滴定还原剂时,对可逆电对的氧化还原反应的滴定突跃范围可按下式确定:

$$(\varphi^{\ominus'}_{Ox_2/Red_2} + \frac{0.0592V}{n_2} \times 3) \sim (\varphi^{\ominus'}_{Ox_1/Red_1} - \frac{0.0592V}{n_1} \times 3)$$

可见,滴定突跃范围取决于两电对的电子转移数和条件电极电位差,条件电极电位差越大,滴定突跃范围越大,越容易准确滴定,与浓度无关。

2. 氧化还原反应的电子转移数

由式(5-27)可知,化学计量点电极电位与两电对的条件电极电位和氧化还原反应的电子转移数有关。用 Ce^{4+} 滴定 Fe^{2+} 的反应中,由于 $n_1=n_2=1$,突跃范围为 $(0.68+0.0592\times3)$ V ~ $(1.44-0.0592\times3)$ V,即 0.86V ~ 1.26V,$\varphi_{sp}=1.06$V,正好位于滴定突跃范围的中心,且滴定曲线在化学计量点前后呈对称关系。如 $n_1 \neq n_2$,化学计量点位置将偏向 n 值较大的电对一方。

例如,在 1mol/L HCl 介质中,用 Fe^{3+} 滴定 Sn^{2+} 的反应

$$Fe^{3+} + Sn^{2+} \rightleftharpoons Fe^{2+} + Sn^{4+}$$

$$\varphi^{\ominus'}_{Fe^{3+}/Fe^{2+}} = 0.68V, \varphi^{\ominus'}_{Sn^{4+}/Sn^{2+}} = 0.15V$$

$$n_1 = 1, n_2 = 2$$

$$\varphi_{sp} = \frac{1\times0.68V + 2\times0.15V}{1+2}$$

$$= 0.33V$$

突跃范围:$(0.15+\frac{0.0592\times3}{2})$V ~ $(0.68-0.0592\times3)$V,即 0.24V ~ 0.50V。可见,φ_{sp} 偏向电对 Sn^{4+}/Sn^{2+}。

5.4 氧化还原滴定法在水质分析中的应用

5.4.1 高锰酸钾法-水质耗氧量的测定

1. 高锰酸钾的强氧化性

高锰酸钾化学式 $KMnO_4$,暗紫色菱柱状闪光晶体,易溶于水,是一种强氧化剂,其氧化能力与溶液的酸度有关。

(1)在强酸溶液中

在强酸性介质中,MnO_4^- 得到 5 个电子,还原为 Mn^{2+}。半反应式为

$$MnO_4^- + 8H^+ + 5e^- \rightleftharpoons Mn^{2+} + 4H_2O$$

$$\varphi^{\ominus}_{MnO_4^-/Mn^{2+}} = 1.51V$$

(2)在中性或弱碱性溶液中

在中性或弱碱性溶液中，MnO_4^- 获得 3 个电子，还原为 MnO_2，半反应式为

$$MnO_4^- + 2H_2O + 3e^- \rightleftharpoons MnO_2 + 4OH^-$$

$$\varphi^{\ominus}_{MnO_4^-/MnO_2} = 0.588V$$

(3)在强碱性溶液中

在大于 2mol/L 的强碱性溶液中，MnO_4^- 获得 1 个电子，被还原为 MnO_4^{2-}（绿色）。半反应式为

$$MnO_4^- + e^- \rightleftharpoons MnO_4^{2-}$$

$$\varphi^{\ominus}_{MnO_4^-/MnO_4^{2-}} = 0.564V$$

由此可见，$KMnO_4$ 在酸性介质中比在中性或碱性介质中具有更强的氧化能力，因此，一般都在强酸性条件下使用。

2. $KMnO_4$ 滴定法的滴定方式

(1)直接滴定法

许多还原性物质，如 Fe(Ⅱ)、As(Ⅲ)、Sb(Ⅲ)、H_2O_2、$C_2O_4^{2-}$、NO_2^- 等还原性物质，可用 $KMnO_4$ 标准溶液直接滴定。

(2)返滴定法

有些氧化性物质，若不能用 $KMnO_4$ 溶液直接滴定，则可用返滴定法进行测定。例如，测定 MnO_2 含量时，可在 H_2SO_4 溶液中加入一定量过量的 $Na_2C_2O_4$ 标准溶液，待 MnO_2 与 $C_2O_4^{2-}$ 完全反应后，再用 $KMnO_4$ 标准溶液返滴定过量的 $C_2O_4^{2-}$。

$$MnO_2 + \underset{(过量)}{C_2O_4^{2-}} + 4H^+ = Mn^{2+} + 2CO_2 + 2H_2O$$

$$2MnO_4^- + 5\underset{(剩余)}{C_2O_4^{2-}} + 16H^+ = 2Mn^{2+} + 10CO_2 + 8H_2O$$

(3)间接滴定法

对某些非氧化还原物质，若不能用 $KMnO_4$ 标准溶液直接滴定或返滴定，则可用间接滴定法进行测定。

例如,测定 Ca^{2+} 时,可先将 Ca^{2+} 沉淀为 CaC_2O_4,用稀 H_2SO_4 将所得沉淀溶解,用 $KMnO_4$ 标准溶液滴定其中的 $C_2O_4^{2-}$,从而间接求得 Ca^{2+} 的含量。其主要反应式为

$$Ca^{2+} + \underset{(过量)}{C_2O_4^{2-}} \rightleftharpoons CaCO_3 \downarrow \underset{}{\overset{H^+}{\rightleftharpoons}} H_2C_2O_4$$

$$(K_{a_2} = 6.4 \times 10^{-5})$$

MnO_4^- 和 $C_2O_4^{2-}$ 的反应同前。

可见,凡是可以和 $C_2O_4^{2-}$ 定量反应的沉淀为草酸盐的金属离子,如 Sr^{2+}、Ba^{2+}、Cd^{2+}、Zn^{2+}、Cu^{2+}、Ni^{2+}、Pb^{2+}、Hg^{2+}、Ag^+、Bi^+、Ce^+、La^{3+} 等,都能用相同的方法测定。

高锰酸钾法的优点是氧化能力强,滴定无色或浅色溶液时,一般不需要外加指示剂。但 $KMnO_4$ 溶液不够稳定,易分解。特别是 $KMnO_4$ 的氧化能力强,可与多种物质发生反应,选择性差,干扰比较严重。因此,使用 $KMnO_4$ 标准溶液时要注意:$KMnO_4$ 标准溶液应保存在暗处;$KMnO_4$ 标准溶液使用前一定要标定;$KMnO_4$ 标准溶液不能保存在滴定管中;用 $KMnO_4$ 标准溶液滴定时,所用的酸、碱或蒸馏水中不得含有还原性物质。

3. $KMnO_4$ 标准溶液的配制与标定

(1)配制

纯的 $KMnO_4$ 溶液是相当稳定的。但因市面上销售的 $KMnO_4$ 试剂中含有微量的 MnO_2 和其他杂质,而且蒸馏水中也常含有微量的还原性物质,它们可与 MnO_4^- 发生缓慢的反应,生成 $MnO(OH)_2$ 沉淀,MnO_2 和 $MnO(OH)_2$ 又能进一步促进 $KMnO_4$ 分解。因此,不能用直接法配制 $KMnO_4$ 标准溶液。通常先配成近似浓度的溶液,然后再进行标定。配制时,先称取稍多于理论用量的 $KMnO_4$,溶于一定体积的蒸馏水中,加热至沸并保持微沸约1h,放置2~3天,使溶液中存在的还原性物质完全氧化,再将过滤后的 $KMnO_4$ 溶液贮于棕色试剂瓶中。

特别注意:$KMnO_4$ 标准溶液不宜长期贮存。如果需要浓度较稀的 $KMnO_4$ 溶液,可用蒸馏水临时稀释和标定后使用,但不

宜久存。

(2)标定

标定 $KMnO_4$ 溶液的基准物质较多,如 $Na_2C_2O_4$、As_2O_3、$H_2C_2O_4 \cdot 2H_2O$ 和纯铁丝等,其中以 $Na_2C_2O_4$ 较为常用,因为它易于提纯,性质稳定,不含结晶水。$Na_2C_2O_4$ 在 105~110℃烘干约 2h 后,冷却至室温就可以使用了。在 H_2SO_4 溶液中,用 $KMnO_4$ 溶液滴定 $Na_2C_2O_4$ 标准溶液,MnO_4^- 与 $C_2O_4^{2-}$ 的反应如下:

$$2MnO_4^- + 5C_2O_4^{2-} + 16H^+ = 2Mn^{2+} + 10CO_2\uparrow + 8H_2O$$

标定时,应严格控制滴定条件。

①温度。在室温下,MnO_4^- 与 $C_2O_4^{2-}$ 反应速度很慢,应将温度控制在 70℃~85℃ 的范围内进行滴定。若温度高于 90℃,$H_2C_2O_4$ 会发生分解,导致结果偏低。通常用水浴加热控制反应温度。

②酸度。为使滴定反应定量进行,溶液酸度要保持在 0.5~1mol/L。酸度过低,会有部分 MnO_4^- 还原为 MnO_2,并有 $MnO_2 \cdot H_2O$ 沉淀生成;酸度过高,也会造成 $H_2C_2O_4$ 分解。

③滴定速度先慢后快再慢。MnO_4^- 与 $C_2O_4^{2-}$ 的反应是一个自催化过程,反应过程中 Mn^{2+} 起催化作用。所以,开始滴定时,MnO_4^- 与 $C_2O_4^{2-}$ 的反应速度很慢,滴入的 $KMnO_4$ 褪色很慢,因此滴定开始阶段速度不能太快,否则,滴入的 $KMnO_4$ 来不及与 $C_2O_4^{2-}$ 反应,就在热的酸性溶液中发生分解,产生误差。

$$4MnO_4^- + 12H^+ = 4Mn^{2+} + 5O_2\uparrow + 6H_2O$$

随着滴定的进行,产物 Mn^{2+} 越来越多,由于 Mn^{2+} 的催化作用,使反应速度逐渐加快,故滴定速度可加快。

④滴定终点。$KMnO_4$ 滴定的终点时不太稳定的。这是由于空气中的还原性气体及尘埃等杂质落入溶液中能使 $KMnO_4$ 缓慢分解,而使粉红色消失,所以,经过 30s 不褪色即可认为已达到终点。

$KMnO_4$ 标准溶液的浓度计算式如下:

$$C_{\frac{1}{5}KMnO_4} = \frac{m_{Na_2C_2O_4}}{V_{KMnO_4} M_{\frac{1}{2}Na_2C_2O_4}} \times 1000 \quad (5-28)$$

或

$$C_{\frac{1}{5}KMnO_4} = \frac{C_{\frac{1}{2}Na_2C_2O_4} V_{Na_2C_2O_4}}{V_{KMnO_4}} \times 1000 \quad (5-29)$$

4. 高锰酸盐指数及其测定

高锰酸盐指数[①]曾称化学耗氧量，它是指 1L 水中还原性有机(含无机)物质，在一定条件下被 $KMnO_4$ 氧化时所消耗 $KMnO_4$ 的量，以 mg O_2/L 表示。水中的亚硝酸盐、亚铁盐、硫化物等还原性无机物和在此条件下可被氧化的有机物，均可消耗 $KMnO_4$。因此，高锰酸钾指数是水体中还原性物质污染程度的综合指标之一。

我国规定：环境水质的高锰酸盐指数为 2~12mg O_2/L。

高锰酸盐指数的测定方法有酸性高锰酸钾法和碱性高锰酸钾法。下面主要讨论酸性高锰酸钾法。

(1)测定原理

将被测水样在酸性条件下加入 10.00mL $KMnO_4$ 标准溶液，并于沸水中加热反应约 10min。然后加入过量的 $Na_2C_2O_4$ 标准溶液还原剩余的 $KMnO_4$，再用 $KMnO_4$ 标准溶液返滴剩余的 $Na_2C_2O_4$，滴定至粉红色且 30s 不褪色。通过计算求出高锰酸盐指数。其化学反应式如下：

$$\underset{(过量)}{4MnO_4^-} + \underset{(有机物)}{5C} + 12H^+ = 4Mn^{2+} + 5CO_2\uparrow + 6H_2O$$

$$(5-30a)$$

$$\underset{(过量)}{5C_2O_4^{2-}} + \underset{(剩余)}{2MnO_4^-} + 16H^+ = 2Mn^{2+} + 10CO_2\uparrow + 8H_2O$$

$$(5-30b)$$

$$\underset{剩余}{2MnO_4^-} + 5C_2O_4^{2-} + 16H^+ = 2Mn^{2+} + 10CO_2\uparrow + 8H_2O$$

$$(5-30c)$$

---

① 崔执应. 水分析化学. 北京：北京大学出版社，2006.

要特别注意：式(5-30a)和(5-30b)虽形式相同,但意义不尽相同。

水样的高锰酸盐指数

$$(\text{mg O}_2/\text{L}) = \frac{[V_1 C_1 - (V_2 C_2 - V_1' C_1)] \times 8 \times 1000}{V_{水}}$$

$$= \frac{[(V_1 + V_1') C_1 - V_2 C_2] \times 8 \times 1000}{V_{水}} \quad (5-31)$$

式中,V_1 为开始加入 $KMnO_4$ 标准溶液的量,mL;V_1' 为最后滴定消耗 $KMnO_4$ 标准溶液的量,mL;V_2 为加入 $Na_2C_2O_4$ 标准溶液的量,mL;C_1 为 $KMnO_4$ 标准溶液的浓度($1/5KMnO_4$),mol/L;C_2 为 $Na_2C_2O_4$ 标准溶液的浓度($1/2Na_2C_2O_4$),mol/L;8 为氧的摩尔质量($1/2O$),g/mol;$V_{水}$ 为水样的量,mL。

(2)高锰酸钾标准溶液的校正系数

测定方法是：将上述用 $KMnO_4$ 标准溶液滴定至粉红色不消失的水样,加热约 70℃,再加入 10.00mL $Na_2C_2O_4$ 标准溶液,再用 $KMnO_4$ 标准溶液滴定至粉红色,记录消耗 $KMnO_4$ 标准溶液的量,则 $KMnO_4$ 标准溶液的校正系数是

$$K = \frac{10}{V_2}$$

水样的高锰酸盐指数

$$(\text{mg O}_2/\text{L}) = \frac{[(V_1 + 10)K - 10] \times C \times 8 \times 1000}{V_{水}} \quad (5-32)$$

式中,V_1 为滴定水样时,消耗 $KMnO_4$ 标准溶液的量,mL;K 为 $KMnO_4$ 标准溶液的校正系数;C 为标准溶液的浓度($1/5 KMnO_4$),mol/L。

(3)酸性高锰酸钾法测定中的注意事项

①严格控制反应条件,如试剂的用量、加入试剂的次序、加热时间和温度等,特别是 $KMnO_4$ 标准溶液的标定中。

②水样中 Cl^- 的浓度大于 300mg/L 时,发生诱导反应,使测定结果偏高。

$$4MnO_4^- + 10Cl^- + 16H^+ = 2Mn^{2+} + 5Cl_2 + 8H_2O$$

可加入 Ag_2SO_4 或加蒸馏水稀释,来防止这种干扰。

③若水样中含有还原性物质,会使结果偏高,要注意校正。高锰酸盐指数的测定方法只适用于较清洁的水样。

5. 钙的测定

在一定条件下,将 Ca^{2+} 和 $C_2O_4^{2-}$ 完全反应生成 CaC_2O_4 沉淀,过滤洗涤后,用热的稀硫酸溶解,最后用 $KMnO_4$ 标准溶液滴定草酸,根据所消耗的 $KMnO_4$ 的量,求得 Ca^{2+} 的含量。反应式如下:

$$Ca^{2+} + C_2O_4^{2-} = CaC_2O_4 \downarrow$$
$$CaC_2O_4 + 2H^+ = Ca^{2+} + H_2C_2O_4$$
$$5H_2C_2O_4 + 2MnO_4^- + 6H^+ = 2Mn^{2+} + 10CO_2 \uparrow + 8H_2O$$

控制溶液的 pH=3.5~4.5 之间,这样不仅可以避免 $Ca(OH)_2$ 或 $(CaOH)_2C_2O_4$ 沉淀的生成,而且所得到的 CaC_2O_4 沉淀也便于过滤和洗涤。

5.4.2 重铬酸钾法

重铬酸钾是橙红色晶体,溶于水,很稳定。在酸性条件下与还原剂作用,$Cr_2O_7^{2-}$ 得到 6 个电子而被还原为 Cr^{3+}:

$$Cr_2O_7^{2-} + 14H^+ + 6e^- \rightleftharpoons 2Cr^{3+} + 7H_2O$$
$$\varphi^{\ominus} = 1.33V$$

可见重铬酸钾的氧化能力比高锰酸钾稍弱些,但它仍然是一种较强的氧化剂。利用重铬酸钾作为氧化剂的滴定法称为重铬酸钾法[①]。

1. 重铬酸钾法的特点

重铬酸钾法只能在酸性条件下使用,和高锰酸钾法相比,它具有如下特点:

①固体 $K_2Cr_2O_7$ 易于提纯,在 140~150℃ 干燥后,可以直

---

① 崔执应. 水分析化学. 北京:北京大学出版社,2006.

接配制 $K_2Cr_2O_7$ 标准溶液。

②$K_2Cr_2O_7$ 标准溶液稳定,可以长期保存。

③$K_2Cr_2O_7$ 在有硫酸银作为催化剂、加热回流等条件下,能将水中绝大部分有机物和无机物氧化,适合于生活污水和工业废水的分析。

④需要使用指示剂。

2. 化学需氧量及其测定

化学需氧量(COD)[①]是指在一定条件下,水中能被 $K_2Cr_2O_7$ 氧化的所有有机物质的总量,以 mg O_2/L 表示。COD 反映了水体中受还原性物质污染的程度。水中还原性物质包括有机物、亚硝酸盐、亚铁盐和硫化物等。水被有机物污染是很普遍的,因此 COD 也是有机物相对含量的重要指标之一。

水样在强酸性条件下,用过量的 $K_2Cr_2O_7$ 标准溶液与水中有机物等还原性物质反应后,以邻二氮菲-亚铁为指示剂,用 $(NH_4)_2Fe(SO_4)_2$ 标准溶液返滴剩余的 $K_2Cr_2O_7$,到计量点时,溶液由浅蓝色变为红色指示滴定终点,根据 $(NH_4)_2Fe(SO_4)_2$ 标准溶液的用量可求出 COD(mg O_2/L)。用 C 表示水中有机物等还原性物质,反应式如下:

$$2Cr_2O_7^{2-} + 3C + 16H^+ \rightleftharpoons 4Cr^{3+} + 3CO_2 + 7H_2O$$
（过量）　（有机物）

$$6Fe^{2+} + Cr_2O_7^{2-} + 14H^+ \rightleftharpoons 6Fe^{3+} + 2Cr^{3+} + 7H_2O$$
　　　　　　（剩余）

到计量点时

$$Fe(Cl_2H_8N_2)_3^{3+} \longrightarrow Fe(Cl_2H_8N_2)_3^{2+}$$
　　　（浅蓝色）　　　　　　　（红色）

由于 $K_2Cr_2O_7$ 溶液呈橙黄色,产物 Cr^{3+} 呈绿色,所以用 $(NH_4)_2Fe(SO_4)_2$ 溶液返滴定过程中,溶液颜色的变化是逐渐由橙黄色→蓝绿色→蓝色,滴定终点时立即由蓝色变为红色。

同时取无有机物的蒸馏水做空白试验。

---

① 张志军. 水分析化学. 北京:中国石化出版社,2009.

计算公式为

$$COD(mg\ O_2/L) = \frac{(V_0 - V_1) \times C \times 8 \times 1000}{V_水} \quad (5\text{-}33)$$

式中，V_0 为空白试验消耗 $(NH_4)_2Fe(SO_4)_2$ 标准溶液的量，mL；V_1 为滴定水样时消耗 $(NH_4)_2Fe(SO_4)_2$ 标准溶液的量，mL；C 为 $(NH_4)_2Fe(SO_4)_2$ 标准溶液的浓度，mol/L；8 为的摩尔质量 (1/2 O)，g/mol；$V_水$ 为水样的量，mL。

3. Fe^{2+} 和 Fe^{3+} 的测定

(1) Fe^{2+} 的测定

Fe^{2+} 可用 $K_2Cr_2O_7$ 标准溶液直接滴定，以邻二氮菲-亚铁为指示剂，溶液由浅蓝色变为红色指示滴定终点。

$$6Fe^{2+} + Cr_2O_7^{2-} + 14H^+ \rightleftharpoons 6Fe^{3+} + 2Cr^{3+} + 7H_2O$$

到计量点时

$$\underset{(浅蓝色)}{Fe(Cl_2H_8N_2)_3^{3+}} \longrightarrow \underset{(红色)}{Fe(Cl_2H_8N_2)_3^{2+}}$$

(2) Fe^{3+} 的测定

Fe^{3+} 可先用过量的 $SnCl_2$ 还原成 Fe^{2+}，再用 $K_2Cr_2O_7$ 标准溶液滴定，用二苯胺磺酸钠作为指示剂，到达终点时，溶液由无色变为紫红色；以邻二氮菲-亚铁为指示剂，到达终点时，溶液由浅蓝色变为红色。

5.4.3 碘量法

1. 碘量法

碘量法是利用 I_2 的氧化性或 I^- 的还原性来进行滴定的方法，广泛用于水中溶解氧(DO)、生物化学需氧量(BOD_5^{20})、O_3、余氯、ClO_2 以及水中有机物和无机物还原性物质的测定。其基本反应为

$$I_2 + 2e^- \rightleftharpoons 2I^-$$

固体 I_2 在水中的溶解度很小(298K 时为 1.18×10^{-3} mol/L)，且易挥发，但 I_2 易溶于 KI 溶液中，以 I_3^- 的形式存在，半反应

式为

$$I_2 + I^- = I_3^- \qquad \varphi^{\ominus}_{I_2/I^-} = 0.536V$$

根据电对的电极电位可知，I^- 是中等强度的还原剂，因此在酸性溶液中，KI 与水样中的氧化性物质反应，定量释放出 I_2，以淀粉为指示剂，用 $Na_2S_2O_3$ 标准溶液滴定至蓝色消失为滴定终点。根据 $Na_2S_2O_3$ 标准溶液的用量，间接求出水中氧化性物质的含量。基本反应式为

$$I_2 + 2e^- \rightleftharpoons 2I^-$$

$$2S_2O_3^{2-} + I_2 \rightleftharpoons 2I^- + S_4O_6^{2-}（连四硫酸盐）$$

2. 碘量法的滴定方式

(1) 直接碘量法

直接用 I_2 标准溶液滴定还原性物质，这种方法称为直接碘量法。例如，硫化物在酸性溶液中能被 I_2 氧化，其反应式为

$$S^{2-} + I_2 \rightleftharpoons S + 2I^-$$

直接碘量法必须在酸性溶液中进行，否则在碱性溶液中，I_2 发生歧化反应

$$3I_2 + 6OH^- \rightleftharpoons IO_3^- + 5I^- + 3H_2O$$

(2) 间接碘量法

它是利用 $Na_2S_2O_3$ 标准溶液间接滴定 I^- 被氧化并定量析出的 I_2，求出氧化性物质含量的方法。这些氧化性物质有 Cl_2、ClO^-、ClO_2、ClO_2^-、ClO_3^-、O_3、H_2O_2、Fe^{3+}、Cu^{2+}、IO_3^-、AsO_4^{3-}、$Cr_2O_7^{2-}$、NO_2^- 等。也可用 $Na_2S_2O_3$ 标准溶液间接滴定过量的 I_2 标准溶液与有机物反应完全后剩余的 I_2，求出有机化合物等还原性物质的含量。

3. 碘量法的反应条件

(1) 控制溶液的酸度

间接碘量法必须在中性或弱酸性溶液中进行。如果在碱性溶液中，会发生副反应

$$S_2O_3^{2-} + 4I_2 + 10OH^- \rightleftharpoons 2SO_4^{2-} + 8I^- + 5H_2O$$

在碱性溶液中 I_2 还会发生歧化反应。若在强酸性溶液中，$Na_2S_2O_3$ 溶液会发生分解，其反应为

$$S_2O_3^{2-}+2H^+=S\downarrow+SO_2\uparrow+H_2O$$

（2）防止 I_2 的挥发和 I^- 的氧化

I_2 易挥发，但是 I_2 在 KI 溶液中与 I^- 形成 I_3^-，可减少 I_2 的挥发。室温下，溶液中含有 4% 的 KI，则可忽略 I_2 的挥发。含 I_2 的溶液应在碘量瓶或带塞的玻璃瓶容器中保存（暗处）。

在酸性溶液中 I^- 缓慢地被空气中的 O_2 氧化成 I_2。

$$4I^-+O_2+4H^+==2I_2+2H_2O$$

在中性溶液中，上述反应极慢，反应速度随 $[H^+]$ 的增加而加快，而且日光照射、微量的 NO_2^-、Cu^{2+} 等都能催化此氧化反应。因此，为避免空气中的 O_2 对 I^- 的氧化产生滴定误差，要求对析出后的 I_2 立即滴定，且滴定速度也应适当加快，切勿放置过久。

（3）注意指示剂的使用

一般在接近滴定终点前才加入淀粉指示剂。若加得太早，则大量的 I_2 与淀粉结合成蓝色物质，这部分碘就不容易与 $Na_2S_2O_3$ 反应，引起滴定误差。

4. 滴定终点的确定

碘量法的滴定终点常用无分支的淀粉指示剂确定。在少量的 I^- 存在下，I_2 与淀粉反应形成蓝色吸附配位化合物；没有 I_2 时，则溶液呈无色。根据溶液中蓝色的出现或消失来指示滴定终点。淀粉指示剂一般用 1% 的淀粉水溶液，最好用新鲜配制的淀粉溶液，切勿放置过久。否则，产生有分支的淀粉与 I_2 的吸附配位化合物呈紫色或紫红色，用 $Na_2S_2O_3$ 标准溶液滴定时，终点不敏锐。

5. $Na_2S_2O_3$ 标准溶液和 I_2 标准溶液

（1）$Na_2S_2O_3$ 标准溶液

市售硫代硫酸钠易风化，一般都含有少量的 S、Na_2SO_3、

Na₂SO₄、Na₂CO₃、NaCl 等杂质。因此只能先配制成近似浓度的溶液,然后进行标定。Na₂S₂O₃ 不稳定,其原因是:

①被酸分解,即使水中溶解的 CO_2 也能使它发生分解:

$$Na_2S_2O_3 + CO_2 + H_2O \rightleftharpoons NaHSO_3 + NaHCO_3 + S\downarrow$$

②微生物作呕用:水中存在的微生物会消耗 Na₂S₂O₃ 中的 S,使它变成 Na₂SO₃,这是 Na₂S₂O₃ 浓度变化的主要原因:

$$Na_2S_2O_3 \xrightarrow{微生物} Na_2SO_3 + S\downarrow$$

③空气中的氧化作用:

$$2Na_2S_2O_3 + O_2 \rightleftharpoons 2Na_2SO_4 + 2S\downarrow$$

配制:采用间接配制法。称取需要量的 Na₂S₂O₃·5H₂O,溶于新煮沸且冷却的蒸馏水中,这样可除去并灭菌,加入少量 Na₂CO₃ 使溶液保持微碱性,可抑制微生物生长,防止 Na₂S₂O₃ 分解。配制的 Na₂S₂O₃ 溶液应贮于棕色瓶中,放置暗处,约 1~2 周后再进行标定。长时间保存的 Na₂S₂O₃ 标准溶液,应定期加以标定。若发现溶液变浑浊或有硫析出,要过滤后再标定其浓度,或重新配制。

标定:采用间接碘量法。标定 Na₂S₂O₃ 标准溶液时,常用的基准物质有 K₂Cr₂O₇、KIO₃、KBrO₃ 等,它们在弱酸性溶液中,与过量的 KI 反应而析出等化学计量的 I_2:

$$Cr_2O_7^{2-} + 6I^- + 14H^+ \rightleftharpoons 3I_2 + Cr^{3+} + 7H_2O$$

$$IO_3^- + 5I^- + 6H^+ \rightleftharpoons 3I_2 + 3H_2O$$

$$BrO_3^- + 6I^- + 6H^+ \rightleftharpoons 3I_2 + 3H_2O + Br^-$$

以淀粉为指示剂,用 Na₂S₂O₃ 标准溶液(近似浓度)滴定至蓝色消失:

$$2S_2O_3^{2-} + I_2 \rightleftharpoons 2I^- + S_4O_6^{2-}$$

计算:

$$C_{Na_2S_2O_3}(mol/L) = \frac{V_1 \times C_{K_2Cr_2O_7}}{V_2}$$

式中,$C_{K_2Cr_2O_7}$ 为 K₂Cr₂O₇ 标准溶液的浓度(1/6 K₂Cr₂O₇),mol/

L；$C_{Na_2S_2O_3}$ 为 $Na_2S_2O_3$ 标准溶液的浓度，mol/L；V_1 为 $K_2Cr_2O_7$ 标准溶液的量，mL；V_2 为消耗 $Na_2S_2O_3$ 标准溶液的量，mL。

以 $K_2Cr_2O_7$ 为基准物标定 $Na_2S_2O_3$ 溶液时应注意以下几点：

①$K_2Cr_2O_7$ 与 KI 反应时，溶液的酸度一般以 0.2～0.4mol/L 为宜。如果酸度过高，I^- 易被空气中的 O_2 氧化；酸度过低，则 $Cr_2O_7^{2-}$ 与 I^- 反应较慢。

②由于 $K_2Cr_2O_7$ 与 KI 反应速率较慢，应将溶液放置暗处 3～5min，待完全反应后，再以 $Na_2S_2O_3$ 溶液滴定。

③以淀粉为指示剂时，应先以 $Na_2S_2O_3$ 溶液滴定至浅黄色，再加入淀粉，用 $Na_2S_2O_3$ 溶液继续滴定至蓝色恰好消失，即为滴定终点。

④滴定前，应先用蒸馏水稀释。一是降低酸度，减少空气中的 O_2 对 I^- 的氧化；二是使 Cr^{3+} 的绿色减弱，便于观察滴定终点。若滴定至溶液从蓝色转变为无色后，又很快变蛋蓝色，这表明 $K_2Cr_2O_7$ 与 KI 反应还不完全，应重新标定；若滴定到终点后，经过几分钟，溶液才出现蓝色，这是由于空气中的 O_2 对 I^- 氧化所引起的，不影响标定的结果。

⑤KI 试剂不应含有 KIO_3（或 I_2）。一般 KI 溶液无色，如显黄色，则先将 KI 溶液酸化，再加入淀粉指示剂显蓝色，用 $Na_2S_2O_3$ 溶液滴定至刚好为无色后再使用。

(2)I_2 标准溶液

配制：由于 I_2 挥发性强，准确称量有一定困难，所以一般是用纯碘试剂与过量 KI 共置于研钵中加少量水研磨，待溶解后再稀释到一定体积，配制成近似浓度的溶液，然后进行标定。I_2 溶液应避免与橡皮接触，并防止日光照射、受热等。

标定：用 $Na_2S_2O_3$ 标准溶液标定（直接碘量法），也可用 As_2O_3（俗名砒霜，有剧毒）作为基准物质标定。

6. 溶解氧及其测定

(1)溶解氧(Dissolved Oxygen,DO)

溶解于水中的氧称为溶解氧[①],用 DO 表示,单位为 mg O_2/L。天然水溶解氧的饱和含量与空气中氧的分压、大气压力、水的温度及水中的含盐量关系密切。一般大气压减少、温度升高、水中含盐量增加,都会使水中溶解氧减少,特别是温度的影响最为明显。

(2)溶解氧的测定原理

先在水样中加入 NaOH 和 $MnSO_4$,水中的 O_2 和 Mn^{2+} 反应生成水合氧化锰($MnO(OH)_2$)棕色沉淀,这样就把水中的全部溶解氧固定起来。然后在酸性条件下,$MnO(OH)_2$ 与 KI 作用,释放出等化学计量的 I_2。最后以淀粉为指示剂,用 $Na_2S_2O_3$ 标准溶液滴定至蓝色消失,指示到达终点。根据 $Na_2S_2O_3$ 标准溶液的消耗量,计算水中溶解氧的含量。其主要反应如下:

$$Mn^{2+} + 2OH^- \rightleftharpoons Mn(OH)_2 \downarrow \text{(白色)}$$

$$Mn(OH)_2 + 1/2 O_2 \rightleftharpoons MnO(OH)_2 \downarrow \text{(棕色)}$$

$$MnO(OH)_2 + 2I^- + 4H^+ \rightleftharpoons Mn^{2+} + I_2 + 3H_2O$$

$$I_2 + 2S_2O_3^{2-} \rightleftharpoons 2I^- + S_4O_6^{2-}$$

计算:

$$DO(mg\ O_2/L) = \frac{C \times V \times 8 \times 1000}{V_\text{水}}$$

式中,DO 为水中溶解氧,mg O_2/L;C 为 $Na_2S_2O_3$ 标准溶液的浓度,mol/L;V 为 $Na_2S_2O_3$ 标准溶液的消耗量,mL;8 为氧的摩尔质量(1/2O),g/mol;$V_\text{水}$ 为水样的量,mL。

7. 饮用水中的余氯

(1)饮用水中的余氯

在饮用水氯消毒过程中,以液氯为消毒剂,液氯与水中的还

---

① 崔执应. 水分析化学. 北京:北京大学出版社,2006.

原性物质或细菌等微生物作用之后,剩余在水中的氯量称为余氯[①],它包括游离性余氯和化合性余氯。

游离性有效氯:包括 HOCl 和次氯酸盐。

化合性有效氯:它实际上是一种复杂的无机氯胺和有机氯胺的混合物。若原水中含有一水合氨,则加入氯以后便生成 NH_2Cl、$NHCl_2$、NCl_3 等。此时,游离性有效氯和化合性有效氯同时存在于水中,因此,测定饮用水中的余氯包括游离性余氯和化合性余氯这两部分。

我国饮用水的出厂水要求游离性余氯不大于 0.3mg/L,管网水中的游离性余氯不大于 0.05mg/L。

(2)测定原理

水中的余氯在酸性溶液中与 KI 发生反应,释放出等化学计量的 I_2,以淀粉作为指示剂,用 $Na_2S_2O_3$ 标准溶液滴定至蓝色消失。由消耗的 $Na_2S_2O_3$ 标准溶液的用量求出水中的余氯。其主要反应如下:

$$I^- + CH_3COOH \longrightarrow CH_3COO^- + HI$$
$$2HI + HOCl \longrightarrow I_2 + H^+ + Cl^- + H_2O$$
$$\varphi^{\ominus}_{HOCl/Cl^-} = 1.49V, \varphi^{\ominus}_{I_2/I^-} = 0.545V$$
$$I_2 + 2S_2O_3^{2-} \longrightarrow 2I^- + S_4O_6^{2-}$$
$$\varphi^{\ominus}_{S_4O_6^{2-}/S_2O_3^{2-}} = 0.08V$$

水样中如果含有 NO_2^-、Fe^{3+}、$Mn(IV)$ 时,会干扰测定。但用乙酸缓冲溶液缓冲 pH=3.5~4.2,可减少上述物质的干扰。

计算:

$$余氯(Cl_2, mg/L) \frac{C_{Na_2S_2O_3} \times V_1 \times 35.453 \times 1000}{V_水}$$

式中,$C_{Na_2S_2O_3}$ 为 $Na_2S_2O_3$ 标准溶液的浓度,mol/L;V_1 为 $Na_2S_2O_3$ 标准溶液的用量,mL;$V_水$ 为水样的量,mL;35.453 为氯的摩尔质量 $(1/2Cl_2)$,g/mol。

---

① 崔执应. 水分析化学. 北京:北京大学出版社,2006.

5.4.4 溴酸钾法

1. 简述

溴酸钾法[①]是用 $KBrO_3$ 作氧化剂的滴定方法。在酸性溶液中，$KBrO_3$ 与还原性物质作用时，BrO_3^- 被还原为 Br^-，半反应为：

$$BrO_3^- + 6H^+ + 6e^- \rightleftharpoons Br^- + 3H_2O$$

$$\varphi^{\ominus}_{BrO_3^-/Br^-} = 1.44V$$

$KBrO_3$ 容易提纯，在 180℃ 烘干后，可以直接配制标准溶液。

$KBrO_3$ 本身和还原剂反应速度很慢，因此只能用来直接测定一些能与 $KBrO_3$ 迅速反应的物质，如 As(Ⅲ)、Sn^{2+}、Tl^+、Cu^+、N_2H_4 等。测定这些物质时，在酸性溶液中，以甲基橙作指示剂，用标准溶液滴定。当有微过量 $KBrO_3$ 存在时，甲基橙被氧化而褪色，即为终点。

用过量的 $KBrO_3$ 标准溶液与待测物质作用。过量的 $KBrO_3$ 在酸性溶液中与 KI 作用，析出游离 I_2，再用 $Na_2S_2O_3$ 标准溶液滴定。这种间接溴酸钾法在有机物分析中应用较多。

$KBrO_3$ 在酸性溶液中是一种强氧化剂，其半反应为：

$$BrO_3^- + 6H^+ + 5e^- \rightleftharpoons Br_2 + 3H_2O$$

$$\varphi^{\ominus}_{BrO_3^-/Br_2} = 1.52V$$

实际上常在 $KBrO_3$ 标准溶液中加入过量 KBr，当溶液酸化时，BrO_3^- 被还原为 Br^-，析出游离 Br_2，其反应为：

$$BrO_3^- + 5Br^- + 6H^+ \longrightarrow 3Br_2 + 3H_2O$$

此游离 Br_2 能氧化还原性物质：

$$Br_2 + 2e^- \rightleftharpoons 2Br^-$$

$$\varphi^{\ominus}_{Br_2/Br^-} = 1.087V$$

这样，酸化的 $KBrO_3$-KBr 混合溶液好似溴溶液。溴溶液因

---

① 张志军. 水分析化学. 北京：中国石化出版社，2009.

溴蒸气气压高,故不稳定。而 KBrO$_3$-KBr 混合溶液相当稳定,只当酸化后才析出游离 Br$_2$。所以在实际工作中广泛应用 KBrO$_3$-KBr 混合溶液。

2. 苯酚的测定

苯酚含量在 10mg/L 时,采用溴化法。过量的溴化液酸化后产生的游离 Br$_2$ 可取代苯酚中氢,

$$C_6H_5OH + 3Br_2 \longrightarrow C_6H_2Br_3OH(白)\downarrow + 3H^+ + 3Br^-$$

过量的 Br$_2$ 用 KI 还原,

$$Br_2 + 2I^- \longrightarrow 2Br^- + I_2$$

析出的 I$_2$ 用 Na$_2$S$_2$O$_3$ 标准溶液滴定。

在溴化反应中,苯酚的当量为其式量的 1/6。

若溴化液过量太多时,会使三溴苯酚继续产生取代作用生成溴代三溴苯酚:

$$C_6H_2Br_3OH + Br_2 \longrightarrow C_6H_2Br_3OBr + H^+ + Br^-$$

与 KI 作用生成三溴苯酚,同时析出 I$_2$:

$$C_6H_2Br_3OBr + 2KI \longrightarrow C_6H_2Br_3OK + I_2 + KBr$$

由于酚类化合物的不同,溴化程度不同,而水样中所含的酚类化合物往往为各种酚的混合物。用溴化法测得结果,如以苯酚计算,只能得出酚类化合物的相对含量,而不能测得绝对含量。

第6章 电化学分析法及其在水质分析中的应用

电化学分析是应用电化学原理和实验技术建立起来的一类分析方法的总称。它将待测试样溶液和两支电极构成电化学电池,利用试样溶液的化学组成和浓度随电学参数变化的性质,通过测量电池的某些参数或参数的变化,确定试样的化学组成或浓度。在水质分析中,电化学分析法粗略可分为4类:电位分析法、电导分析法、电解分析法和极谱分析法。

6.1 电位分析法的原理分析

电位分析法是利用电极电位和溶液中待测物离子活度(或浓度)之间的关系,并通过测量电极电位来测定物质含量的方法。电位分析法分为直接电位法和间接电位法(又称电位滴定法)。

直接电位法直接通过测量电池电动势来确定指示电极的电极电势,然后计算被测物质的含量;电位滴定法是根据电极电位的突跃来确定滴定终点,并由滴定剂的用量求出被测物质的含量。

在电位分析法中,由一个参比电极和一个指示电极共同浸入被测溶液构成一个原电池,其中指示电极的电位随被加离子的活度(或浓度)而变化,能指示被测离子的活度(或浓度);而参比电极的电位则不受试剂组成变化的影响,具有较恒定的数值。通过测定原电池的电极电位,由电极电位的基本公式——能斯特方程式,即可求得被测离子的活度(或浓度)。

应当指出,某电极是指示电极还是参比电极,不是绝对的。在一定情况下用作指示电极的,在另一情况下也可用作参比电极。指示电极和参比电极的种类很多,以下将分别进行讨论。

6.1.1 参比电极

参比电极是测量电池电动势计算电极电位的相对基准,因此,要求它的电极电位必须恒定,重现性好,容易制作,使用寿命长。通常将标准氢电极作为参比电极的一级标准。但因制作麻烦,氢气的净化、压力的控制等难以满足要求,所以在实际分析中常用的二级参比电极是甘汞电极和银-氯化银电极。甘汞电极是最常用的一种二级参比电极。

1. 甘汞电极

甘汞电极是金属汞、甘汞(Hg_2Cl_2)和 KCl 溶液所组成的电极,其结构如图 6-1 所示。甘汞电极的内玻璃管中封接一根铂丝,铂丝插入纯汞中,下置一层甘汞(Hg_2Cl_2)和汞的糊状物,并且浸有 KCl 溶液的脱脂棉塞。外管中装入 KCl 溶液,这样就构成了一支甘汞电极。电极下端与待测溶液接触的部分由素瓷芯多孔物质组成通路。

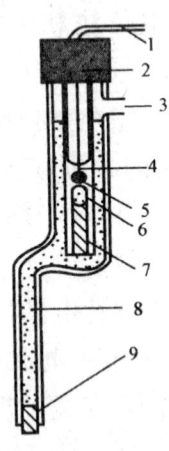

图 6-1 饱和甘汞电极

1—导线;2—绝缘套;3—加液口;4—Pt;5—Hg;6—Hg_2Cl_2;
7—多孔物质;8—KCl 溶液;9—多孔陶瓷

甘汞电极半电池的组成:

$$Hg, Hg_2Cl_2(固体) | KCl(溶液)$$

电极反应：

$$Hg_2Cl_2 + 2e^- \rightleftharpoons 2Hg + 2Cl^-$$

$$\varphi_{Hg_2Cl_2/Hg} = \varphi^{\ominus}_{Hg_2Cl_2/Hg} - \frac{RT}{2F}lg\alpha^2_{Cl^-}$$

电极电位(25℃)为

$$\varphi_{Hg_2Cl_2/Hg} = \varphi^{\ominus}_{Hg_2Cl_2/Hg} - 0.0592Vlg\alpha^2_{Cl^-} \tag{6-1}$$

由式(6-1)可知，当温度一定时，$\varphi^{\ominus}_{Hg_2Cl_2/Hg}$为一常数，甘汞电极的电极电位主要取决于及 α_{Cl^-}，当 α_{Cl^-} 一定时，$\varphi_{Hg_2Cl_2/Hg}$ 也是一定的。不同浓离的 KCl 溶液，甘汞电极的电位具有不同的恒定值，如表 6-1 所示。实际分析中用的是饱和甘汞电极。

表 6-1 25℃时甘汞电极的电极电位

名称	KCl 溶液的浓度	电极电位 $\varphi_{Hg_2Cl_2/Hg}$
	0.1mol/L	+0337V
标准甘汞电极(NCE)	1.0mol/L	+0.2801V
饱和甘汞电极(SCE)	饱和溶液	+0.2412V

2. 银—氯化银电极

银丝镀上一层 AgCl，浸在一定浓度的 KCl 溶液中，即构成 Ag-AgCl 电极，如图 6-2 所示。其半电池组成为

$$Ag, AgCl(固) | KCl(溶液)$$

电极反应为

$$AgCl + e^- \rightleftharpoons Ag + Cl^-$$

$$\varphi_{AgCl/Ag} = \varphi^{\ominus}_{AgCl/Ag} - \frac{RT}{F}lga_{Cl^-}$$

电极电位(25℃)为

$$\varphi_{AgCl/Ag} = \varphi^{\ominus}_{AgCl/Ag} - 0.0592Vlga_{Cl^-} \tag{6-2}$$

由上式可以看出，当温度一定时，$\varphi_{AgCl/Ag}$ 取决于 a_{Cl^-}。

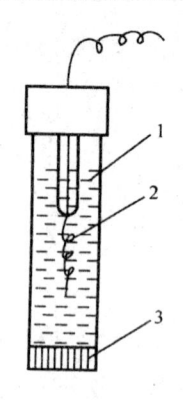

图 6-2 银-氯化银电极
1—KCl 溶液;2—Ag—AgCl;3—多孔物质

6.1.2 指示电极

电位法中的指示电极分为金属基电极和离子选择电极两大类。

1. 金属基电极

(1)金属-金属离子电极

由金属浸在同种金属离子的溶液中构成,可用于测定金属离子的活(浓)度。如银丝插入银盐溶液液中组成银电极,表示式为 Ag|Ag$^+$。其电极反应为

$$Ag + e^- \rightleftharpoons Ag$$

电极电位(25℃)为

$$\varphi_{Ag^+/Ag} = \varphi^{\ominus}_{Ag^+/Ag} + 0.0592V\lg\alpha_{Ag^+} \tag{6-3}$$

此类电极含有 1 个相界面也称第一类电极。

(2)金属-金属难溶盐电极

由金属及其难溶盐浸入与其难溶盐具有相同阴离子的溶液中构成,这类电极能间接反映与金属离子生成难溶盐的阴离子的活度,如前所述的甘汞电极及银-氯化银电极属于此类电极。其电极电位与溶液中难溶盐的阴离子活度有关,所以这类电机能用于测定难溶盐的阴离子活度。

金属-金属难溶盐电极含有 2 个相界面,也称为第二类电

极。此类电极重现性好,既可作为指示电极,还经常用作参比电极。

(3)惰性电极

由惰性金属(铂或金)插入含有某氧化态和还原态电对的溶液中组成。在这里,惰性金属不参与电极反应,仅在电极反应过程中起一种传递电子的作用。电极电位取决于溶液中电对氧化态和还原态活度(或浓度)的比值,可用于测定有关电对的氧化态或还原态的浓度及它们的比值。例如,将铂丝插入含有 Fe^{3+} 和 Fe^{2+} 溶液中组成 Fe^{3+}/Fe^{2+} 电对的铂电极,表示式为 Pt $|Fe^{3+}, Fe^{2+}$。电极反应为

$$Fe^{3+} + e^- \rightleftharpoons Fe^{2+}$$

电极电位(25℃)为

$$\varphi_{Fe^{3+}/Fe^{2+}} = \varphi^{\ominus}_{Fe^{3+}/Fe^{2+}} + 0.059 \lg \frac{a_{Fe^{3+}}}{a_{Fe^{2+}}} \tag{6-4}$$

2. 离子选择性电极

离子选择性电极通过敏感膜选择性地进行离子渗透和交换,由此产生膜电位,又被称之为膜电极。膜电极的电位对溶液中某种特定离子有选择性响应,故可作为测定溶液中离子活度的指示电极。

选择性电极的种类很多,如图 6-3 所示。UPAC(国际纯粹与应用化学联合会)推荐的分类方法可将离子选择性电极分为原电极和敏化电极两大类。

pH 电极是最早实际应用的离子选择性电极。20 世纪 60 年代初,氟离子选择性电极研制成功并商品化,随后发展了一系列的离子选择性电极,使其从理论到应用有了很大的发展,这是近代电化学分析的重要进展之一。而在此基础上发展起来的生物电化学传感器,已成为近年来电化学分析发展的前沿领域。常用的离子选择性电极主要有玻璃膜电极、单晶膜电极、多晶膜电极、液膜电极和气敏电极等。这里主要讨论玻璃膜电极和气敏电极。

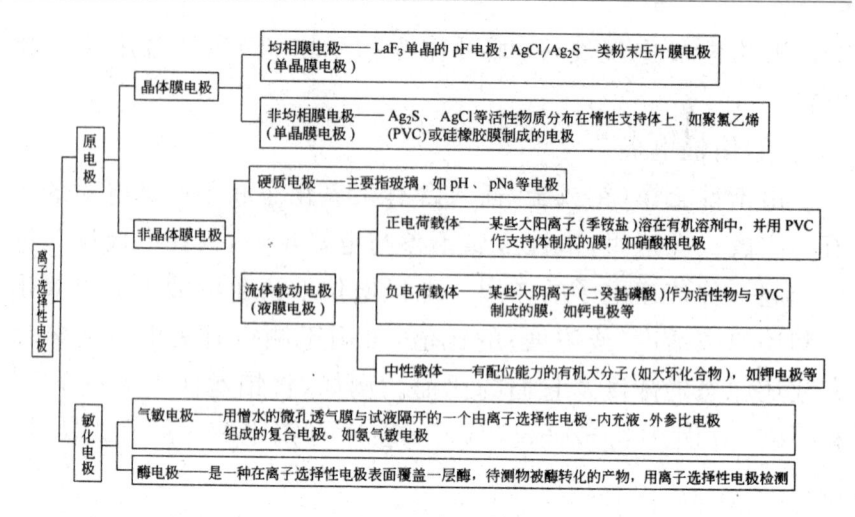

图 6-3 性电极的分类

（1）玻璃膜电极

pH 玻璃电极是最早使用的膜电极,对 H^+ 具有专属性的离子选择性电极,应用广泛。其测定 pH 的优点是对 H^+ 有高度的选择性,不受溶液中氧化剂或还原剂的影响,不易因杂质的作用而中毒,能在有色的、浑浊的或胶体溶液中应用。

在溶液的 pH 测量中,它被用作指示电极。pH 玻璃电极的结构如图 6-4 所示。

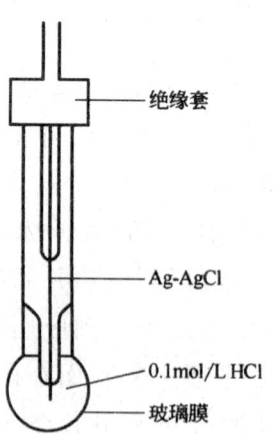

图 6-4 pH 玻璃电极

它的主要部分是一个玻璃泡,内充 pH 一定的缓冲溶液（内参比溶液）,其中插入一支 Ag-AgCl 电极（内参比电极）。

pH敏感玻璃膜一般由Na_2O、CaO、SiO_2按摩尔比为21.4∶6.4∶72.2组成,玻璃化后,其中的SiO_2形成硅氧四面体,彼此连接构成一个无限的三维网络。在晶格中存在着体积较小而活动能力较强的正离子(主要是Na^+):

$$—\underset{|}{\overset{|}{Si}}—O^-\ Na^+$$

当玻璃膜在水中浸泡一段时间后,水中的H^+进入硅酸晶格并代替Na^+的点位,膜表面形成一层 $—\underset{|}{\overset{|}{Si}}—O^-\ H^+$ 称为水合硅胶层(简称水化层)。水化层外表面的钠离子与水中的质子氢离子发生交换反应:

$$H^+ + NaGl(固) \rightleftharpoons Na^+ + HGl(固)$$

由于玻璃膜中的硅酸骨架与H^+的键合力比Na^+大,因此,水化层表面的Na^+点位几乎全部为H^+占据。但从水化层表面到内部,H^+的量逐渐减少而Na^+的量逐渐增多。在内部的干玻璃层中,全部一价阳离子点位均为Na^+所占据。图6-5为已浸泡后的玻璃膜示意图。

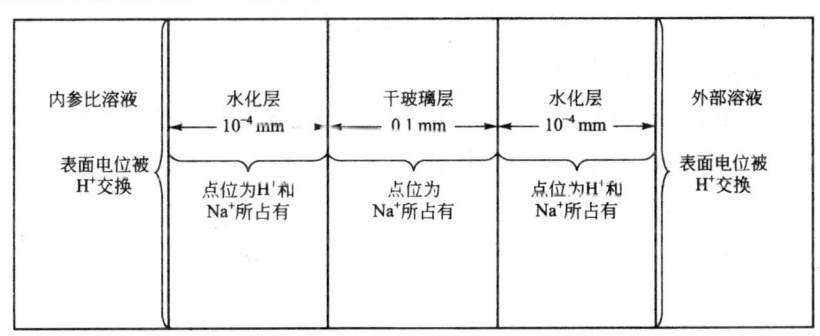

内参比溶液 表面电位被H^+交换	水化层 10^{-4}mm 点位为H^+和Na^+所占有	干玻璃层 0.1mm 点位为Na^+所占有	水化层 10^{-4}mm 点位为H^+和Na^+所占有	外部溶液 表面电位被H^+交换

图6-5 浸泡后的玻璃膜示意图

玻璃膜的内表面和外表面一样,也形成水合硅胶层,并且层中的H^+分布也是由表面到内部逐渐减少。

当水化层与试液接触时,水化层中的H^+与溶液中的H^+发生交换,建立下列平衡:

$$H^+_{水化层} \rightleftharpoons H^+_{试液}$$

由于水化层与溶液中的 H^+ 浓度不同,有额外的 H^+ 由溶液进入水化层或由水化层进入溶液,改变了固-液两相界面的电荷分布,从而产生了相界电位。

玻璃膜分别与内参比溶液和外部溶液建立了两个相界电位。

$$\varphi_{外} = K_1 + 0.0592\text{Vlg}\frac{a_1}{a'_1}$$

$$\varphi_{内} = K_2 + 0.0592\text{Vlg}\frac{a_2}{a'_2}$$

式中,a_1、a_2 分别为待测溶液和内部溶液的活度;a'_1、a'_2 分别为膜外、膜内水化层表面的活度;K_1、K_2 分别为由玻璃膜外、内表面的性质所决定的常数。

由于水化层表面钠离子被氢离子所置换的情况大致相同,且膜内外的表面性质也大致相同,所以 $K_1 \approx K_2$,$a'_1 \approx a'_2$。

每一个水化层还存在一个扩散电位。由于在水化层中,靠近于玻璃一侧的表面的交换点位被 Na^+ 占据,靠近溶液一侧的表面交换点位全部被 H^+ 占据,两种离子在水化层中的流动性不同,因而形成一个扩散电位。假设膜两侧的水化层完全对称,则扩散电位相互抵消。

膜电位($\varphi_{膜}$)是跨越玻璃膜在两个溶液之间产生的电位差,等于各种电位之和。扩散电位为零,$\varphi_{外}$ 与 $\varphi_{内}$ 符号相反,所以,膜电位为内外相界电位之差。

$$\begin{aligned}\varphi_{膜} &= \varphi_{外} - \varphi_{内} \\ &= 0.0592\text{Vlg}\frac{a_1}{a_2} \\ &= 0.0592\text{Vlg}\alpha_1 - 0.0592\text{Vlg}\alpha_2 \\ &= K' - 0.0592\text{VpH}\end{aligned} \quad (6\text{-}5)$$

(由于内参比溶液是缓冲溶液,a_2 为一常数。)

(2)气敏电极

气敏电极是一种气体传感器,是对被测气体敏感的电极。

可用于溶液中气体含量的测定。其测定原理为：由于被测气体影响某一化学反应平衡，使平衡中某一离子的活度发生变化，其变化量可由该离子的离子选择性电极反映出来，从而测定出溶液中气体的含量。

气敏电极的结构如图 6-6 所示。

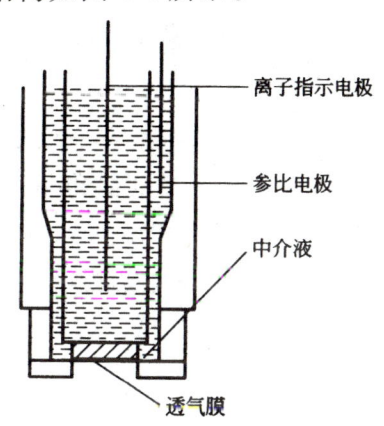

图 6-6　气敏电极

透气膜装在电极的下端，具有许多微孔，有憎水性。溶液中的气体可通过该膜进入管内，使管内溶液中的化学反应平衡发生改变。如常用的氨气敏电极，被测气体氨气通过透气膜并溶于水中：

$$NH_3 + H_2O \rightleftharpoons NH_4^+ + OH^-$$

$$K_b = \frac{[NH_4^+]\alpha_{OH^-}}{[NH_3]}$$

因内充液中的 $[NH_4^+]$ 相对于其他组分，数值很大，可视为常数，并入 K_b 中，用 K'_b 表示：

$$[OH^-] = K'_b[NH_3] \tag{6-6}$$

此式表明内充液中的 a_{OH^-} 与 $[NH_3]$ 成正比。若用 pH 玻璃电极测量内充液中氢氧根离子的活度（即 a_{OH^-}），则该氨电极的电位将随 a_{OH^-} 的变化而变化，其电位为

$$\varphi = K - 0.0592 V \lg[NH_3] \tag{6-7}$$

氨气敏电极测定水中的氨氮，不受水样色度和浊度的影响，

水样不必进行预蒸馏,最低检出浓度为 0.03mg/L,测定上限可达 1400mg/L。

除氨气敏电极外,还有用于测定二氧化硫、为氧化氮、二氧化碳、硫化氢、氯气、氟化氢等气敏电极。

6.2 直接电位法

将指示电极与参比电极一起浸入标准或待测溶液组成原电池,根据测出的电池电动势与待测物质含量的关系,直接求出待测物质含量的方法称为直接电位法。直接电位法应用最多的是溶液 pH 的测定和用离子选择性电极测定离子的含量。

6.2.1 溶液 pH 的测定

1. 测定原理

测定溶液的 pH,用玻璃电极作指示电极,饱和甘汞电极作参比电极,与待测溶液组成工作电池,如图 6-7 所示。

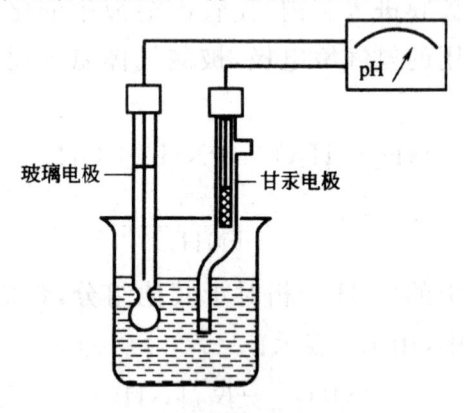

图 6-7 pH 的电位测定示意图

此电池可用下式表示：

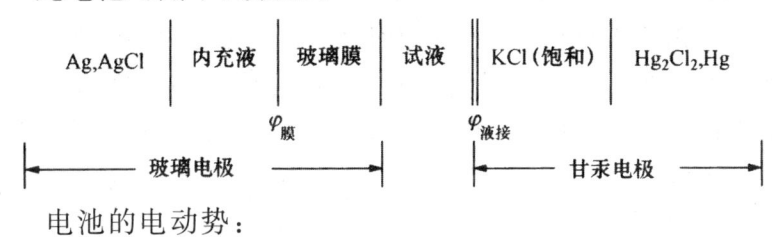

| Ag,AgCl | 内充液 | 玻璃膜 | 试液 ‖ KCl(饱和) | Hg₂Cl₂,Hg |

$\varphi_{膜}$ $\varphi_{液接}$

玻璃电极   甘汞电极

电池的电动势：

$$E = \varphi_{甘汞} - \varphi_{玻璃} + \varphi_{液接}$$
$$= \varphi_{甘汞} - (k - 0.0592\text{VpH})$$
$$= K + 0.0592\text{VpH}(25℃) \quad (6\text{-}8)$$

式中，K 为合并的常数，包括内、外参比电极电位、不对称电位及液接电位。

由式(6-8)可知，电池的电动势与试液的 pH 呈线性关系。由于常数 K 无法准确测量，实际应用中不采用直接计算试液的 pH，而是选用 pH 已知的标准缓冲溶液(pH_s)为基准，采用比较法来确定待测液的 pH_x。

设两种溶液，分别为 pH 已知的标准缓冲溶液(pH_s)和 pH 待测溶液(pH_x)，测定各自电动势分别为

$$E_s = K + 0.0592\text{VpH}_s$$
$$E_x = K + 0.0592\text{VpH}_x$$

相同条件下，两式相减得

$$pH_x = pH_s + \frac{E_x - E_s}{0.0592\text{V}} \quad (6\text{-}9)$$

pH_x 以标准溶液的 pH_s 为基准，并通过比较二者电动势的差值来确定，25℃条件下，二者之差每变化 0.0592V，则相应的 pH 变化 1 个单位。为了尽量减少误差，应该选用 pH_s 与被测溶液的 pH_x 相近的标准缓冲溶液，并在测定过程中尽可能使溶液的温度保持恒定。各种种类的 pH 计都是依据上述原理测定溶液的 pH 的。

2. 测定 pH 的仪器——pH 计

pH 计又称为酸度计，按照测量电动势的方式不同，可分为

直读式和补偿式。酸度计设置有定位、温度补偿调节及电极斜率调节。由于温度的影响、浸泡时间不一等多种影响,要求测定之前必须用标准缓冲溶液进行校正,使标度值与标准缓冲溶液的 pH 相一致。然后,再测定样品溶液,由标尺或数字显示直接读出 pH_x 值。表 6-2 所示为常用的 6 种基准缓冲溶液在不同温度下的 pH_s。

表 6-2　6 种基准缓冲溶液的 pH_s

温度(℃)	0.05mol/L $KH_3(C_2O_4)\cdot 2H_2O$	25℃饱和酒石酸氢钾	0.05mol/L 邻苯二甲酸氢钾	0.025mol/L Na_2HPO_4 和 0.025mol/L KH_2PO_4	0.01mol/L 硼砂	25℃饱和 $Ca(OH)_2$
0	1.668	—	4.006	6.981	9.458	13.416
5	1.669	—	3.999	6.949	9.391	13.210
10	1.671	—	3.996	6.921	9.330	13.011
15	1.673	—	3.996	6.898	9.276	12.820
20	1.676	—	3.998	6.879	9.226	12.637
25	1.680	3.559	4.003	6.864	9.182	12.460
30	1.684	3.551	4.010	6.852	9.142	12.292
35	1.688	3.547	4.019	6.844	9.105	12.130
40	1.694	3.547	4.029	6.838	9.072	11.975
45	1.700	3.550	4.042	6.834	9.042	11.828
50	1.706	3.555	4.055	6.833	9.015	11.697
55	1.713	3.563	4.070	6.834	8.990	11.553
60	1.721	3.573	4.087	6.837	8.968	11.426
70	1.739	3.569	4.122	6.847	8.926	—

续表

温度 (℃)	0.05mol/L KH$_3$(C$_2$O$_4$)·2H$_2$O	25℃ 饱和酒石酸氢钾	0.05mol/L 邻苯二甲酸氢钾	0.025mol/L Na$_2$HPO$_4$ 和 0.025mol/L KH$_2$PO$_4$	0.01mol/L 硼砂	25℃饱和 Ca(OH)$_2$
80	1.759	3.622	4.161	6.862	8.890	—
90	1.782	3.648	4.203	6.881	8.856	—

用常规玻璃电极测定 pH,需要配参比溶液,以组成原电池,实际操作比较繁琐。目前,已研制出含参比电极的 pH 复合电极与数显电位差计装在一起的 pH 测量装置,以适应环境监测的需要。该装置具有体积小、重量轻、响应快、携带和使用方便等特点。

6.2.2 离子活度(浓度)的测定

1. 基本原理

离子活度的测定是用离子选择性电极与参比电极浸入试液组成工作电池,测量电动势来确定待测离子的含量。例如,用氟离子选择性电极测定溶液氟离子活度时,组成如下工作电池:

Hg,Hg$_2$Cl$_2$ | KCl(饱和) ‖ 试液 | LaF$_3$ | NaF,NaCl | AgCl,Ag
|←——饱和甘汞电极——→|　　|←——氟离子选择性电极——→|

电池的电动势:

$$E = \varphi_{氟} - \varphi_{参}$$
$$= (k - S\lg a_{F^-}) - \varphi_{参}$$

令 $K = k - \varphi_{参}$

$$E = K - S\lg a_{F^-}$$

任意工作电池的电动势(E)与待测离子活度(a_i)的关系式一般表示为

$$E = K \pm S\lg a_i \tag{6-10}$$

式中,K 为常数。若测量电极为正极,参比电极为负极,对阳离子取"＋",对阴离子取"－"。若测量电极为负极,参比电极为正极,对阳离子取"－",对阴离子取"＋"

测量得到的是离子活度。根据活度与浓度的关系,式(6-10)可表示成:

$$E = K \pm S\lg(\gamma_i C_i)$$

如果分析时能保持总离子强度一致,则试液中待测离子的活度系数也就相同,则 $S\lg\gamma_i$ 视为定值,与常数 K 合并后,则

$$E = K' \pm S\lg C_i \tag{6-11}$$

式(6-11)表示电池的电动势与待测离子的浓度的对数值呈线性关系。

2. 测定方法

(1)标准曲线法

利用标准曲线法时,首先配制一系列不同浓度被测离子的标准溶液(其中含有总离子强度调节缓冲液 TISAB),将参比电极和指示电极放入各标准溶液中,组成原电池,分别测定出各标准溶液的电动势,在半对数坐标纸上绘制出电池电动势(E)与对应的浓度对数值或负对数值(即 $E-\lg c$ 或 $E-pc$)的标准曲线,浓度在一定范围内,其为一条直线。然后在被测溶液中加入同样量的 TISAB,并用同一对电极测定其电动势 E_x 值,从标准曲线上查出相应的 c_x 值。如图 6-8 所示。

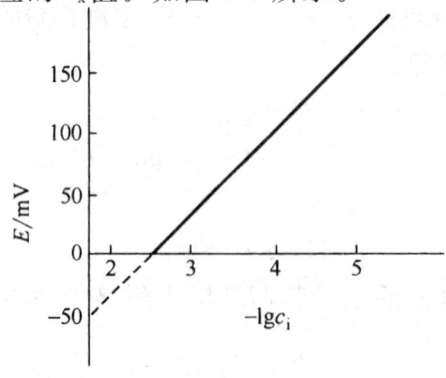

图 6-8 标准曲线

浓度 c 与活度 a 之间的关系：
$$a = C\gamma \tag{6-12}$$
式中，γ 为离子活度系数，它是离子强度的函数。

由于活度系数难以计算或计算繁琐，在实际分析中，一般是在溶液中加入总离子强度调节缓冲液 TISAB，使溶液的离子强度保持相对的稳定，从而使离子活度系数基本相同，在尽可能一致的条件下对标准溶液和被测溶液进行测定，则 $E-\lg c$ 或 $E-pc$ 标准曲线呈线性关系。

(2) 标准加入法

标准加入法是将标准溶液加入到待测溶液中进行测定的方法，由于加入标准溶液前后试液的性质基本不变，所以准确度较高。主要用于测定被测离子的总浓度（包括游离的和络合的）。

设被测离子的体积为 V_x，浓度为 C_x，活度系数为 γ_x，测得工作电池的电动势 E 为
$$E = K' + \frac{2.303RT}{nF}\lg \gamma_x C_x \tag{6-13}$$

接着在溶液中加入一准确体积 V_s、浓度 C_s 的被测离子的标准溶液，此时水样被测离子的浓度 C' 为
$$C' = \frac{C_x V_x + C_s V_s}{V_x + V_s}$$

则电池电动势 E' 为
$$E' = K' + \frac{2.303RT}{nF}\lg \gamma' c'$$

通常控制 V_s 在 V_x 在 1% 以内，$V_s \ll V_x$，故 $V_s + V_x \approx V_x$，并假设 $\gamma_x \approx \gamma'$，则
$$C' \approx \frac{C_x V_x + C_s V_s}{V_x} = C_x + \frac{C_s V_s}{V_x} = C_x + \Delta C$$

代入上式，则
$$E' = K' + \frac{2.303RT}{nF}\lg \gamma_x (C_x + \Delta C) \tag{6-14}$$

式 (6-14) 与式 (6-13) 相减，得

$$\Delta E = E' - E = \frac{2.303RT}{nF}\lg\gamma_x(1+\frac{\Delta C}{C_x})$$

令 $S = \frac{2.303RT}{nF}$（25℃时，$S = \frac{0.0592}{n}$），则

$$\Delta E = S\lg(1+\frac{\Delta C}{C_x}) \tag{6-15}$$

将上式取反对数，得

$$C_x = \Delta C(10^{\Delta E/S}-1)^{-1} \tag{6-16}$$

根据式(6-16)可知，只要测出 ΔE，便可计算出水样中被测离子的浓度。

标准加入法具有以下优点：

①不需作标准曲线，仅需一种标准溶液即可测得被测离子的浓度。

②操作简便快速，适用于待测溶液的成分比较复杂，离子强度比较大的试样的分析。

(3)格氏作图法

格氏作图法是多次标准加入法的一种数据处理方法。

设被测离子浓度为 $C_x \text{mol/L}$，体积为 V_x 的水样中连续多次加入浓度 C_s，体积 V_s 的标准溶液，假设活度系数不变。每加入一次标准溶液，测量一次电动势。该电池电动势为

$$E = K' + S\lg\frac{C_xV_x + C_sV_s}{V_x + V_s}$$

将上式整理，得

$$E/S + \lg(V_x + V_s) = K'/S + \lg(C_xV_x + C_sV_s)$$

取反对数，有

$$(V_x + V_s)10^{E/S} = (C_xV_x + C_sV_s)10^{K'/S} \tag{6-17}$$

以 $(V_x + V_s)10^{E/S}$ 对 V_s 作图，可得一直线，将该直线外推至与横轴，则得到 $(V_x + V_s)10^{E/S} = 0$ 时，$V_s = V_e$。则 $C_xV_x + C_sV = 0$。所以

$$C_x = \frac{C_sV_e}{V_x} \tag{6-18}$$

为了计算麻烦,可用格氏坐标纸作图,这是一种反对数坐标纸。以所测电位的反对数为纵坐标,以加入的标准溶液体积为横坐标,在反对数坐标纸上作图,先求出 V_e 值,再计算出 C_x 值,避免了指数计算的麻烦。

6.3 电位滴定法

电位滴定法是向水中滴加能与被测物质进行化学反应的滴定剂,根据反应达到化学计量点时被测物质浓度的变化所引起电极电位的突跃来确定滴定终点,根据滴定剂的浓度和用量,求出水样中被测物质的含量或浓度。进行电位滴定的装置如图6-9所示。

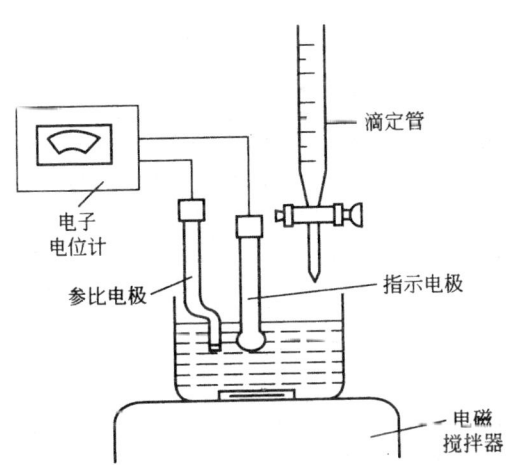

图 6-9　电位滴定的基本仪器装置示意图

电位滴定法只注意滴定过程中电位的变化,不需要计算滴定终点电位的数值。因而,与直接电位法比较,测定精密度高、受影响因素少,且与滴定分析法相比,不受溶液有色、浑浊等限制。在制订新的指示剂滴定分析方法时,常借助电位滴定法确定指示剂的变色终点或检查新方法的可靠性。尤其对于那些没有指示剂可以利用的滴定反应,利用电位滴定法更为有利。随着离子选择电极的迅速发展,可选用的指示电极越来越多,电位滴定法的应用范围也越来越广。

6.3.1 滴定终点的确定

在电位滴定时,边滴定边记录滴定剂体积 V 和电位 φ。终点附近应每加 0.05~0.10mL 记录一次数据,并最好保持每小份体积增加量相等,这样处理数据较方便、准确。现以 0.1mol/L 硝酸银标准溶液滴定氯化钠溶液电位滴定的部分数据和数据处理为例,如表 6-3 所示。

表 6-3 0.1mol/L $AgNO_3$ 标准溶液滴定 NaCl 溶液的电位滴定数据

V_{AgNO_3}/mL	φ/mV	$\Delta\varphi$/mV	ΔV/mL	$\Delta\varphi/\Delta V$	$\Delta^2\varphi/\Delta V^2$
5.0	0.062	0.023	10	0.002	
15.0	0.085	0.022	5	0.004	
20.0	0.107	0.016	2	0.008	
22.0	0.123	0.015	1	0.015	
23.0	0.138	0.008	0.5	0.016	
23.5	0.146	0.015	0.3	0.050	
23.8	0.161	0.013	0.2	0.065	
24.0	0.174	0.009	0.1	0.090	
24.1	0.183	0.011	0.1	0.110	
24.2	0.194	0.039	0.1	0.390	+0.28
24.3	0.233	0.083	0.1	0.830	+0.44
24.4	0.316	0.024	0.1	0.240	−0.59
24.5	0.340	0.011	0.1	0.110	−0.13
24.6	0.351	0.007	0.1	0.070	−0.04
24.7	0.358	0.015	0.3	0.050	
25.0	0.373	0.012	0.5	0.024	

续表

V_{AgNO_3}/mL	φ/mV	$\Delta\varphi$/mV	ΔV/mL	$\Delta\varphi/\Delta V$	$\Delta^2\varphi/\Delta V^2$
25.5	0.385	0.011	0.5	0.022	
26.0	0.396	0.030	2.0	0.015	
28.0	0.426				

1. φ-V 曲线法

以滴定剂硝酸银滴加的体积 V(mL)为横坐标,测得相对应的电位 φ(V)为纵坐标,绘制出如图 6-10 所示的 φ-V 曲线。作两条与滴定曲线平行相切的倾斜直线,两平行直线的等分线与曲线的交点为曲线的拐点,即滴定终点,对应体积为滴定至终点时所需的体积。

如果滴定曲线比较平坦,突跃不明显,则可绘制一阶微商曲线($\Delta\varphi/\Delta V$—V)求得终点。

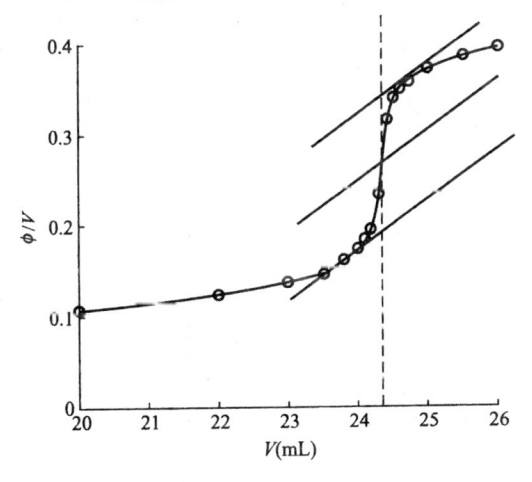

图 6-10 φ-V 曲线

2. $\Delta\varphi/\Delta V$-V 曲线法

$\Delta\varphi/\Delta V$ 表示随滴定剂体积变化(ΔV)的电位变化值($\Delta\varphi$),它是一阶微分 $d\varphi/dV$ 的估计值。例如,当加入硝酸银溶液的体积为 24.10～24.20mL 时,则

$$\frac{\Delta\varphi}{\Delta V}=\frac{0.194-0.183}{24.20-24.10}=0.11$$

即 $\Delta\varphi/\Delta V=0.11$ 时,所对应的体积为 24.15mL。以 $\Delta\varphi/\Delta V=0.11$ 与对应的体积作图,如图 6-11 所示。曲线的最高点所对应的体积即为滴定终点体积。

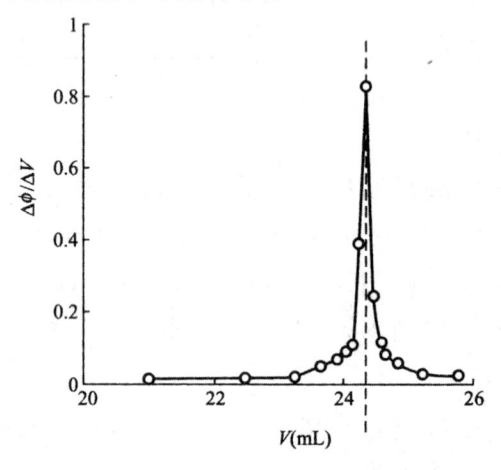

图 6-11 $\Delta\varphi/\Delta V\text{-}V$ 曲线

3. $\Delta^2\varphi/\Delta V^2 - V$ 曲线法

$\Delta^2\varphi/\Delta V^2\text{-}V$ 又称二次微商法。以 V 为横标标,绘制 $\Delta^2\varphi/\Delta^2 V\text{-}V$ 曲线,如图 6-12 所示。

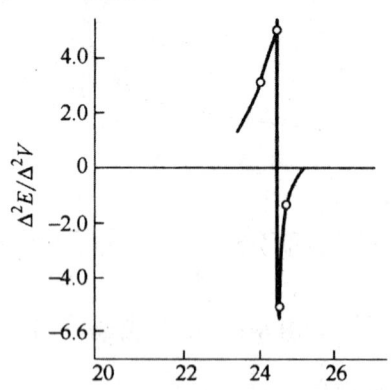

图 6-12 $\Delta^2\varphi/\Delta V^2\text{-}V$ 曲线

这种方法基于曲线 $\Delta^2\varphi/\Delta V^2\text{-}V$ 的最高点正是二阶微商 $\Delta^2\varphi/\Delta^2 V=0$ 处,此时对应的 V 值为滴定终点。因此,可以通过绘

制二阶微商($\Delta^2\varphi/\Delta^2V$-$V$)曲线或通过计算求得终点。

$\Delta^2\varphi/\Delta^2V$ 值的计算公式为

$$\frac{\Delta^2\varphi}{\Delta V^2}=\frac{\left(\frac{\Delta\varphi}{\Delta V}\right)_1-\left(\frac{\Delta\varphi}{\Delta V}\right)_2}{V_2-V_1} \qquad (6-19)$$

例如,当加入硝酸银溶液的量为 24.30mL 时,利用式(6-19)得:

$$\frac{\Delta^2\varphi}{\Delta V^2}=\frac{0.83-0.39}{24.35-24.25}=4.4$$

当加入硝酸银溶液的量为 24.40mL 时:

$$\frac{\Delta^2\varphi}{\Delta V^2}=\frac{0.24-0.83}{24.15-24.35}=-5.9$$

用内差法可以计算 $\frac{\Delta^2\varphi}{\Delta V^2}=0$ 时所对应的终点体积 V_{ep}:

$$\frac{V_{ep}-24.30}{24.40-24.30}=\frac{4.4}{4.4-(-5.9)}\Rightarrow V_{ep}-24.34\text{mL}$$

即当加入硝酸银溶液的体积为 24.34mL 时达到滴定终点。此种方法在实际工作中应用较为广泛。

6.3.2 应用实例

电位滴定法不受水样的浑浊、有色或缺乏指示剂等条件的限制,因此应用广泛,它适用于酸碱滴定、沉淀滴定、氧化还原滴定及配位滴定等各类滴定分析。

1. 酸碱滴定

电位滴定法是酸碱滴定中常用的方法,比较适用于有色或浑浊试样溶液的测定,尤其适于弱酸、弱碱的滴定。对太弱的酸和碱或不易溶于水而易溶于有机溶剂的酸碱,可在非水溶液中滴定。如在乙醇介质中用盐酸溶液滴定三乙醇胺;在 HAc 介质中用 $HClO_4$ 对吡啶进行滴定;在丙酮介质中滴定高氯酸、盐酸和水杨酸的混合物等。

酸碱滴定过程中,采用指示电极一般为玻璃电极、锑电极、参比电极一般选用饱和甘汞电极。在水质分析中采用电位滴定法可测定水中的酸度或碱度,用 NaOH 或 HCl 标准溶液作滴定剂,用 pH 计或电位滴定仪指示反应的终点,根据 NaOH 或 HCl 标准溶液的消耗量,计算水样中的酸度或碱度。

2. 沉淀滴定

用电位滴定法进行沉淀滴定时,应根据不同的沉淀反应选用不同的指示电极。如用硝酸银标准溶液滴定 Cl^-、Br^-、I^-、CN^-、CNS^-、S^{2-} 等离子以及一些有机酸的阴离子时,常用银电极作指示电极;而当用汞盐如 $Hg(NO_3)_2$ 标准溶液滴定 Cl^-、I^-、CN^-、CNS^-、$C_2O_4^{2-}$ 等离子时,可选用汞电极作指示电极;而 $K_4[Fe(CN)_6]$ 溶液滴定 Pb^{2+}、Cd^{2+}、Zn^{2+}、Ba^{2+} 等离子,可选用铂电极作指示电极等。银电极是沉淀滴定中使用最广泛的指示电极,当溶液中几种被测离子与滴定剂所生成沉淀的溶度积相差较大时,可不经分离进行连续滴定,如用硝酸银标准溶液可实现对 Cl^-、Br^-、I^- 的连续滴定,如图 6-13 所示,滴定突跃的先后次序为碘离子、溴离子、氯离子。

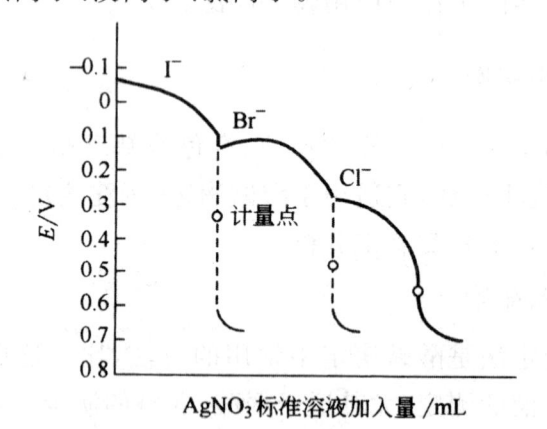

图 6-13 0.1mol/L AgNO₃ 溶液连续滴定同浓度 Cl^-、Br^-、I^-(均为 0.1mol/L)的理论电位滴定曲线

3. 氧化还原滴定

在氧化还原滴定中,常用惰性电极(如铂电极)作指示电极,甘汞电极(或钨电极)作参比电极。电极本身并不参加电极反应,仅作为交换电子的导体,用以显示被滴定溶液的平衡电位。氧化还原滴定的应用,如以 $KMnO_4$ 溶液滴定 I^-、NO_2^-、Fe^{2+}、V^{4+}、Sn^{2+}、$C_2O_4^{2-}$ 等离子;用 $K_2Cr_2O_7$ 溶液滴定 I^-、Sb^{3+}、Fe^{2+}、Sn^{2+} 等离子。

4. 配位滴定

在配位滴定中,一般参比电极选用甘汞电极,指示电极一般为汞电极。如用 EDTA 溶液滴定 Mg^{2+}、Cu^{2+}、Zn^{2+}、Al^{3+}、Ca^{2+} 等金属离子。

配位滴定也可以用离子选择性电极作指示电极,指示滴定的终点,如 F^- 选择性电极为指示电极,用氟化物滴定铝离子;用钙离子选择性电极作指示电极,以 EDTA 滴定 Ca^{2+} 等。

近些年,离子选择性电极的发展大大扩充了电位滴定法的应用范围。而自动电位滴定仪的应用,使操作更为简便又快速。在普通电位滴定的基础上,还有一些其他电位滴定法,如恒电流电位滴定法等,恒电流滴定中采用两个指示电极,并有微小和稳定的电流流过这两个电极。根据滴定过程中两指示电极间的电位差的变化来确定滴定终点。

6.4 电导分析法

电导分析法是基于测量分析溶液的电导率(或电阻),以确定待测物含量的分析方法。在水质分析中,常用电导分析法测量水的电导率。电导率与溶液中离子的含量大致呈比例地变化,电导率的测定可以间接地推测离解物质总浓度,其数值与阴、阳离子的含量有关。直接电导法具有灵敏度高、仪器简单、测量方便等优点,广泛用于水质评价、大气监测、硫和碳的测定等各方面,但该法的选择性较差。

6.4.1 电导分析方法的原理

水中可溶盐类大多以水合离子的形式存在,离子在外加电场的作用下的导电能力用电导率表示。电导(G)是电阻(R)的倒数。当两个电极插入溶液中,可以测出两电极间的电阻 R。根据欧姆定律,在一定条件(温度、压力)下,该电阻值与电极的间距 L 成正比,与电极的截面积 A 成反比。即

$$R=\rho\frac{L}{A}$$

式中,ρ 为电阻率,$\Omega \cdot cm$。

对固定电导池,间距 L 和电极面积 A 与都固定不变,故 $\frac{L}{A}$ 为常数,称为电导池常数,用 Q 表示,单位为 cm^{-1}。电导是电阻的倒数,用 G 表示,则

$$G=\frac{1}{R}=\frac{1}{\rho Q}$$

式中,G 为电导,反映导电能力的强弱,S(西门子)。

电导率是电阻率的倒数,用 K 表示,则

$$G=\frac{1}{\rho Q}=\frac{K}{Q}$$

$$K=GQ=\frac{Q}{R} \tag{6-20}$$

式中,电导率 K 表示 $1cm^3$ 电解质溶液的电导,即两个平行电极相距 1cm,截面积均为 $1cm^2$ 时溶液的电导,单位是 S/cm,国际单位是 S/m,在水质分析中常用 $\mu S/cm$ 表示。

$$1S/m=10mS/cm=10^4 \mu S/cm$$

6.4.2 水样测定

水的电导率可用专门的电导仪来测定。根据测量电导的原理,电导仪可分为平衡电桥式电导仪、电阻分压式电导仪、电流测量式电导仪等。

1. 电导池常数的测定

在恒温水浴(25℃)中测定 0.01mol/L KCl 标准溶液的电阻 R_{KCl}，根据式(6-20)计算电导池常数 Q。在 25℃时，0.01mol/L KCl 标准溶液的电导率=141.3mS/m。则 $Q=141.3R_{KCl}$。

2. 水样的测定

将水样注入已冲洗干净的电导池中，按前述步骤测定水样电阻 $R_{水样}$，则水样的电导率 $K_{水样}$ 可由下式计算：

$$K_{水样}=\frac{Q}{R_{水样}}=\frac{141.3R_{KCl}}{R_{水样}}$$

如测定时水样温度不是 25℃，则应校正至 25℃时的电导率，电导率随温度变化而变化，温度每升高 1℃，电导率增加约 2%，通常规定 25℃为测定电导率的标准温度。计算公式如下：

$$K_s=\frac{K_t}{1+a(t-25)} \tag{6-21}$$

式中，K_s 为 25℃时电导率，mS/m；K_t 为测定温度下的电导率，mS/m；a 为各离子电导率平均温度系数，一般取 0.22；t 为测定时温度(℃)。

6.4.3 电导分析仪器

常用电导仪测量溶液的电导率，国产的电导仪主要有 DDS 系列，图 6-14 是 DDS-11A 型电导仪测量原理图。

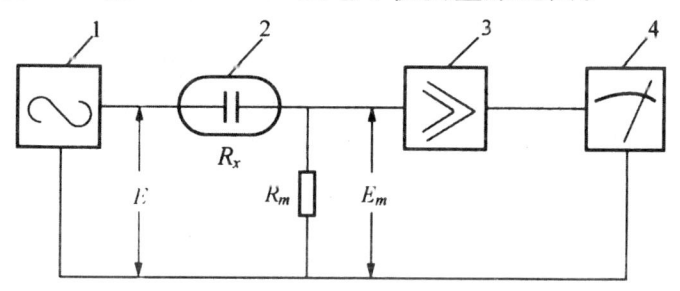

图 6-14 DDS-11A 型电导仪测量原理图
1—振荡器；2—电导池；3—放大器；4—指示器

测量原理是基于图 6-14 所示的分压法进行测量的,R_x 与 R_m 组成分压电路

$$E_m = \frac{ER_m}{R_m + R_x} = \frac{ER_m}{R_m + 1/S_x} = \frac{ER_m}{R_m + Q/K} \quad (6\text{-}22)$$

式中,R_x 为溶液的电阻;E_m 为分压电阻。

当 E、R_m、Q 均为常数时,溶液电导率 K 的变化必将引起 R_m 作相应的变化。所以,测量 R_m 的大小,也就是测量溶液电导率的高低。

电极构造如图 6-15 所示。电极以两块大小相同的铂片为极板,每个铂片的面积为 $1cm^2$,平行地嵌在玻璃环上,玻璃环与玻璃壳为一整体,从铂片引出两根导线,铜片之间的距离为 1cm。

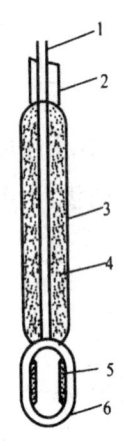

图 6-15　铂电极

1—引线;2—塑料或胶木管;3—玻璃壳;
4—石蜡油或沥青;5—铂片;6—玻璃片

在实际应用中,根据溶液的电导率的不同而选择相应类型的电极。

6.5　极谱分析法

极谱分析法是建立在电解过程中电流-电压(i-E)特性曲线

上,使用滴汞电极的电化学分析法。

经典的极谱分析法是根据可氧化或还原的物质在滴汞电极上进行电解,通过测定电解过程中电流-电压的变化绘制出 i-E 曲线,根据曲线的性质进行定性和定量分析。随着极谱分析法在理论研究和实际应用中的发展,除经典极谱法外,还有方波极谱法、示波极谱法、交流极谱法、脉冲极谱法、溶出伏安法、催化极谱法等。这些新的极谱分析法,灵敏度明显提高,如催化极谱法、脉冲极谱法、溶出伏安法等的检测限一般可达 $10^{-8} \sim 10^{-10}$ mol/L,最低可达 10^{-12} mol/L。痕量有机物质分析或无机物质的测定都可以使用这些方法。在水分析化学中可用于 Cd^{2+}、Cu^{2+}、Zn^{2+}、pb^{2+}、Ni^{2+} 的测定。

6.5.1 经典极谱法

经典极谱分析的基本装置如图 6-16 所示。滴汞电极作为阴极进行电解,滴汞电极的上端为贮汞瓶,下接一塑料管(或不含硫的橡皮管),塑料管下端接一毛细管,毛细管内径较小,汞从毛细管中一滴滴地有规则滴下,构成滴汞电极。

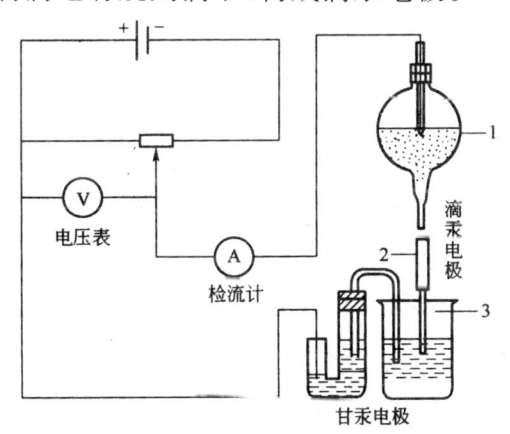

图 6-16 极谱分析基本装置

1—贮汞瓶;2—塑料管;3—毛细管

将被分析水样($CdCl_2$ 浓度为 1×10^3 mol/L)加入电解池中,然后加入大量氯化钾(支持电解质)使溶液中氯化钾浓度为

0.1mol/L。通入 N_2 或 H_2,以除去溶解于水样中的 O_2。然后以 2~3 滴/10s 的速度滴汞,并记录不同电压(0~1V)下对应的电流值,以电压(V)为横坐标,电流 $i(\mu A)$ 为纵坐标绘制 Cd^{2+} 的电压-电流曲线,即 Cd^{2+} 极谱图(图 6-17)。由图 6-16 可知,在达到 Cd^{2+} 分解电位之前,只有微小的残余电流通过。当外加电压到 Cd^{2+} 分解电压时(在 -0.5V～-0.6V 之间), Cd^{2+} 开始电解,此时两电极反应:

滴汞电极(阴极)的反应:
$$Cd^{2+} + Hg + 2e^- \rightleftharpoons Cd(Hg)_{镉汞齐}$$

甘汞电极(阳极)的反应:
$$2Hg + 2Cl^- - 2e^- \rightleftharpoons Hg_2Cl_2$$

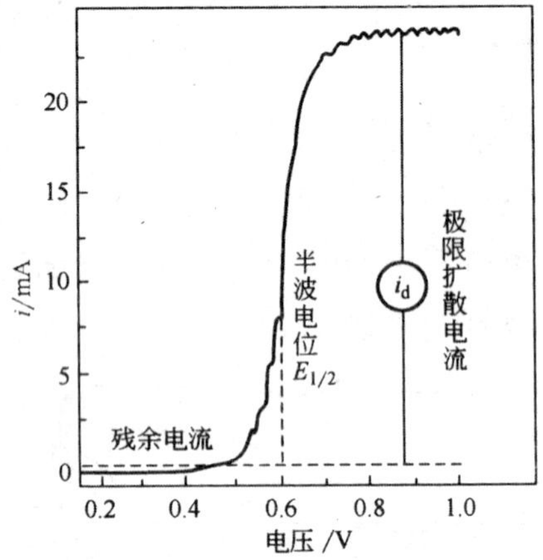

图 6-17 Cd^{2+} 的极谱图

此时,电位很小的增加,就会引起电流很大的增加。因电流的大小决定于 Cd^{2+} 向电极表面扩散的速度,故称为扩散电流。当电位继续增加到一定数值时, Cd^{2+} 离子达到电极表面,便立即被还原,此时电极表面上的 Cd^{2+} 离子浓度趋于零,电流达到最大值再继续增加电位,电流不再增加,呈现电流平台,此电流称为极限电流。极限电流与残余电流之差为极限扩散电流,用 i_d 表示:

$$i_d = \kappa c \tag{6-23}$$

式(6-23)极谱法的定量依据,根据极限扩散电流 i_d 的大小,可以求得溶液中待测物质的浓度。

由极谱图 6-17 可知,电压-电流曲线的中点电位称为半波电位,用 $E_{\frac{1}{2}}$ 表示。其大小只与被还原离子的本性有关,而与被还原离子的浓度无关,因此这是极谱法定性的依据。

6.5.2 溶出伏安法

1. 基本原理

溶出伏安法也称反向溶出极谱法,是最灵敏的电化学分析方法。它包括富集和溶出两个过程,首先使待测物质在一定电位下电解或吸附富集一段时间,然后反向扫描改变电位使电极上的沉积物溶出回到溶液中,记录电解溶出过程的 i-E 曲线,根据曲线的峰电位和峰电流进行定性和定量分析。

溶出伏安法包括两种:

①阳极溶出伏安法:在溶出过程中,电极反应为氧化反应。

②阴极溶出伏安法:溶出过程的电极反应为还原反应。

2. 在水质分析中的应用

溶出伏安法适用于测定饮用水、地面水和地下水中的镉、铜、铅、锌,适宜的测定范围为 $1\sim1000\mu g/L$;富集 5 分钟时,检测下限可达 $0.5\mu g/L$。测定要点如下。

(1) 水样预处理

将水样调节至近中性。比较清洁的水可直接取样测定;含有机质较多的地面水用硝酸-高氯酸消解。

(2) 标准曲线绘制

分别取一定体积的 Cd^{2+}、Cu^{2+}、Pb^{2+}、Zn^{2+} 标准溶液于 10mL 比色管中,加 1mL 0.1mol/L 高氯酸(支持电解质),用蒸馏水稀释至刻度,混匀,倾入电解池中。将扫描电压范围选在 $-1.30\sim+0.05V$。通 N_2 除掉 O_2,在 $-1.30V$ 极化电压下于悬汞电极上富集 3min,则试液中部分上述离子被还原富集并结合成汞齐。静置 30s,使富集在悬汞电极表面的金属均匀化。将极化电压均匀

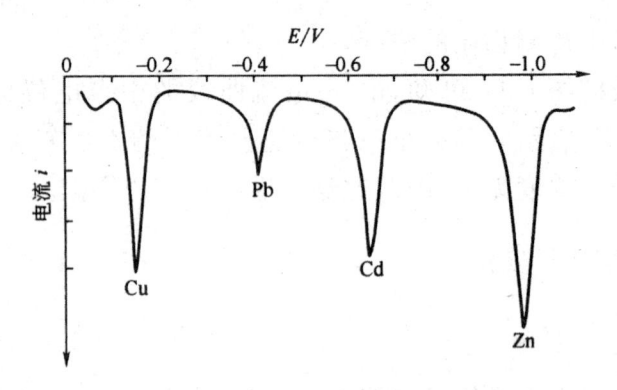

图 6-18 Cd^{2+}、Cu^{2+}、Pb^{2+} 和 Zn^{2+} 的溶出伏安曲线

地由负方向向正方向扫描,记录伏安曲线,如图 6-18 所示。

(3)样品测定

取一定体积的水样,加 1mL 同种电解质,用水稀释到 10mL,按与标准溶液相同的操作程序测定伏安曲线。根据经空白校正后各被测离子的峰电流高度,从标准曲线上查知并计算其浓度。

(4)标准加入法

当样品成分比较复杂时,可采用标准加入法。准确吸取一定体积的水样于电解池中,加 1mL 支持电解质,用水稀释至 10mL,按测定标准溶液的方法测出各组分的峰电流高,然后再加入与样品含量相近的标准溶液,依同法再次进行峰高测定被测离子浓度与峰高成正比,故

$$\frac{C_x}{h} = \frac{\dfrac{C_x V + C_s V_s}{V + V_s}}{H}$$

整理得

$$C_x = \frac{h C_s V_s}{(V + V_s) H - V h} \tag{6-24}$$

式中,V 为加入标准溶液的体积,mL;C_s 为加入标准溶液的浓度,$\mu g/L$;V_s 为测定所取水样的体积,mL;h 为水样峰高,mm;H 为水样加标准溶液后的峰高,mm。

由于阳极溶出伏安法测定的浓度比较低,测定时应特别注

意实验过程中的玷污等带来的误差。对汞的纯度要求为99.99%以上。

6.5.3 示波极谱法

1. 基本原理

示波极谱法又称为单扫描极谱法,是一种用电子示波器观察极谱电解过程中电流-电压曲线,进行定性、定量分析的方法。图 6-19 为示波器工作的原理。示波极谱法采用长余辉阴极射线示波器作为电信号的检测工具,电压扫描速度比较快,可达 $250mV \cdot s^{-1}$。它在一滴汞上就可以得到一条完整的 i-E 曲线。如图 6-20 所示,示波极谱的 i-E 曲线呈峰形,出现峰状的原因,是由于电压扫描速度很快,当达到待测物质的还原电位时,该物质在电极上迅速还原,产生很大的电流;而之后由于电极附近待测物质的浓度急剧降低,扩散层厚度随之逐渐增大,电流又下降到取决于扩散控制的值,这样出现了如图所示的波形。曲线中 E_p 为峰电位,i_p 为峰电流,根据峰电位和峰电流可以进行定性和定量的分析。

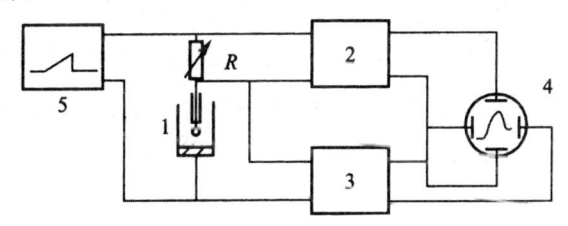

图 6-19 示波极谱仪工作原理
1—极谱解电池;2—垂直放大器;3—水平放大器;
4—荧光屏;5—锯齿波电压发生器

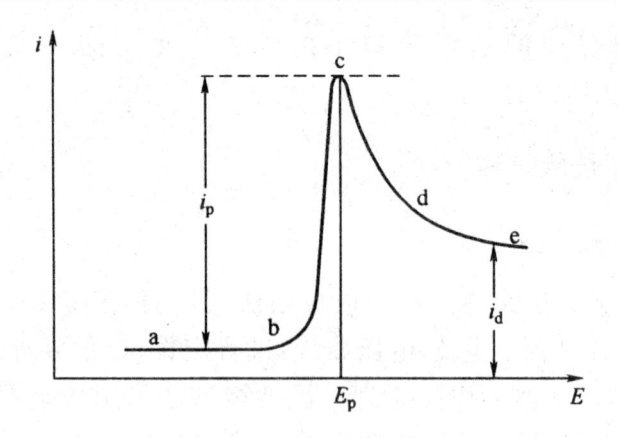

图 6-20　示波极谱图

2. 示波极谱法在水质分析中的应用

示波极谱法测定水中 Cd^{2+}、Cu^{2+}、Pb^{2+}、Zn^{2+}、Ni^{2+}，同样采用标准曲线法。用极谱分析仪测定，参比电极为 Ag-AgCl 电极或饱和甘汞电极，工作电极为滴汞电极、铂碳电极。

标准曲线绘制与水样测定：

(1)在氨性底液中测定水中 Cu^{2+}、Cd^{2+}、Zn^{2+}、Ni^{2+}

取 10mL 比色管 4 支，分别加入 Cu^{2+}、Cd^{2+}、Zn^{2+}、Ni^{2+} 4 种离子的标准溶液，然后滴加 1mL 氨性支持电解质和 0.5mL 极大抑制剂水溶液及盐酸羟胺少量。溶解后稀至刻度，混匀。转入电解池中，分段进行扫描。

Cu^{2+}、Cd^{2+}、Zn^{2+}、Ni^{2+} 的起始电位分别选用：$-0.25V$、$-0.5V$、$-0.85V$、$-1.1V$，然后绘制峰高-浓度标准曲线。

取 10mL 比色管，向其中加入已处理好的水样，按测定标准溶液程序加入试剂进行极谱测定，由水样的峰高，在标准曲线上查出对应的金属离子含量。

(2)在 HCl 底液中测定水中 Pb^{2+}、Cd^{2+}

取 10mL 比色管两支，先分别滴加 Pb^{2+}、Cd^{2+} 标准溶液，接着滴加 1∶1HCl 溶液、0.5mL 0.1% 极大抑制剂水溶液和抗坏血酸 0.05g，溶解后，用蒸馏水稀至刻度，混匀。

铅、镉的起始电位分别为$-0.25V$、$-0.45V$。绘制峰高-浓度标准曲线。

取 10mL 比色管放入已处理好水样，按测定标准溶液程序加入试剂进行极谱测定。由水样的峰高在标准曲线上查出对应的金属离子(Pb^{2+}、Cd^{2+})的含量。

6.5.4 库仑分析法

1. 基本理论

库仑分析法是通过电解过程中所消耗的电量来进行定量分析的方法，它的理论依据是法拉第定律[①]。法拉第定律揭示了在电解过程中电极上所析出的物质的量与通过电解池的电量之间的关系，可表示为

$$m = \frac{MQ}{nF} = \frac{Mit}{nF} \tag{6-25}$$

式中，m 为析出物质的质量，g；M 为析出物质的摩尔质量，g/mol；Q 为电量，C；i 为通过电解池的电流，A；t 为电解时间，s；n 为电极反应转移的电子数；F 为法拉第常数，96485(C/mol)。

法拉第定律是自然科学中最严格的定律之一。它的应用不受实验条件和环境的影响，如温度、压力、电极材料与形状、电解质溶液浓度、溶剂性质等因素均不会影响测定结果。

库仑分析法要求电极反应必须是单纯的，电量必须全部被待测物所消耗，电解反应的效率必须是 100%。

2. 控制电位库仑分析法

在电解过程中，控制工作电极的电极电位保持恒定值，直接根据被测物质所消耗的电量求出其含量的方法称为控制电位库仑分析法。图 6-21 所示为其基本分析装置图。

[①] 王国慧. 水分析化学(第二版). 北京:化学工业出版社,2009.

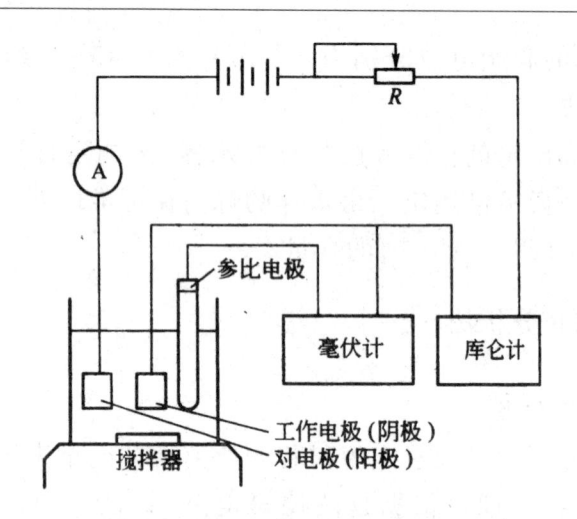

图 6-21 控制电位库仑分析装置

电极系统由 3 部分组成：参比电极、工作电极及对电极，其中参比电极和工作电极构成电位测量与控制系统，维持工作电极的电位恒定，使待测物质电流效率为 100% 的进行电解。当电流趋近于零时，表明该物质已电解完全。通过电路中串联的库仑计，则可精确测定电量，被测物质的含量通过法拉第定律得出。

常用的工作电极有铂、银、汞或碳电极等。

3. 恒电流库仑分析法

测定水样中的化学需氧量 COD 恒电流库仑滴定法测定 COD 的工作原理示如图 6-22 所示。

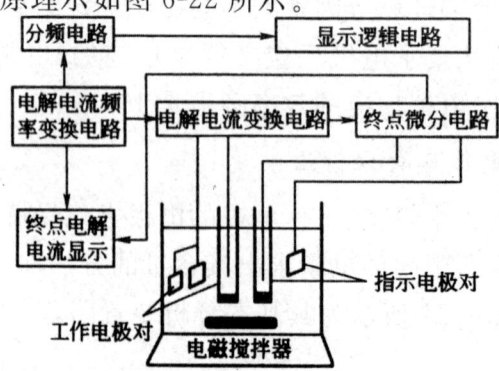

图 6-22 恒电流库化仑分析测定 COD 的工作原理图

该测定仪的组成为电磁搅拌器、库仑滴定池及电路系统三部分：

(1) 库仑滴定池

库仑池的组成为指示电极对、工作电极对和电解液，其中，指示电极对的负极为钨棒参比电极，正极为铂片指示电极，以其电位的变化指示库仑滴定终点。工作电极对为铂丝辅助阳极与双铂片工作阴极；电解液为 0.2mol/L H_2SO_4、$K_2Cr_2O_7$ 和硫酸铁混合液。

(2) 电路系统

电路系统由电解电流变换电路、频率变换积分电路、终点微分电路、数字显示逻辑运算电路等组成。

测定水样 COD 值的要点是：在空白溶液（蒸馏水加 H_2SO_4）和样品溶液（水样加 H_2SO_4）中加入同量的 $K_2Cr_2O_7$ 溶液，分别进行回流消解 15min，冷却后各加入等量的 $Fe_2(SO_4)_3$ 溶液，在搅拌状态下进行库仑电解滴定，即 Fe^{3+} 在工作阴极上还原为 Fe^{2+}（滴定剂）去滴定（还原）$Cr_2O_7^{2-}$。滴定空白溶液中 $Cr_2O_7^{2-}$ 得到的结果为加入 $K_2Cr_2O_7$ 的总氧化量（以 O_2 计）；滴定水样中 $Cr_2O_7^{2-}$ 得到的结果为剩余 $K_2Cr_2O_7$ 的氧化量（以 O_2 计）。设前者电解所需时间为 t_0，后者所需时间为 t_1，则由法拉第定律可得：

$$W = \frac{I(t_0 - t_1)}{96485} \times \frac{M}{n} \tag{6-26}$$

式中，n 为氧的得失电子数(4)；M 为 O_2 的相对分子质量(32)；W 为被测物质的重量，即水样电解时消耗的重铬酸钾相当于氧的克数，I 为电解电流；96485 为 Faraday 常数。

设水样 COD 值为 c_x(mg/L)，水样体积为 V(mL)：

$$W = \frac{V}{1000} c_x \tag{6-27}$$

将式(6-26)代入式(6-27)得

$$c_x = \frac{I(t_0 - t_1)}{96485} \times \frac{8000}{V}$$

恒电流库仑滴定法测定 COD 的方法快速、简便，试剂用量少，不需标定滴定溶液，尤其适合于工业废水的控制分析。

第 7 章　原子吸收分光光度法及其在水质分析中的应用

原子吸收分光光度法又称原子吸收光谱法或原子吸收法,简称 AAS。它是基于气相中的被测元素的基态原子,对其共振辐射的吸收强度来测定试样中被测元素含量的分析方法。

7.1　原子吸收分光光度法的原理分析

7.1.1　共振线和吸收线

物质是由各种元素的原子组成的,原子是由结构紧密的原子核和核外围绕着的不断运动的电子组成的。电子处在一定的能级上,具有一定的能量,称为原子能级。当核外电子排布具有最低能级时,原子的能量状态叫基态,基态是最稳定的状态。

在一般情况下,大多数原子处在最低的能级状态,原子具有最小内能,即基态。基态原子在外界能量的作用下,获得足够的能量,外层电子跃迁到较高能级状态的激发态,这个过程叫激发态。基态原子被激发的过程,也就是原子吸收的过程。

处在激发态的原子很不稳定,很快回到基态,同时以光的形式辐射出吸收的能量,此能量等于原子两能级能量差:

$$\Delta E = E_2 - E_1 = h\nu = \frac{hc}{\lambda} \quad (7-1)$$

式中,E_2、E_1 分别为高能态与低能态的能量;ν 为频率;h 为普朗克常数;c 为光速;λ 为波长。

原子被外界能量激发时,最外层电子可能跃迁至不同能级,因而原子有不同的激发态,能量最低的激发态称为第一激发态。

电子从基态跃迁到第一激发态要吸收一定频率的光(谱线),称为共振吸收线。相反再由第一激发态跃迁回到基态时,要发射出一定频率的光,这种发射谱线称为共振发射线。共振发射线和共振吸收线均简称为共振线。

由于第一激发态与基态之间跃迁所需能量最低,最容易发生,大多数元素吸收也最强,共振跃迁最易发生,因此,共振线通常是元素的灵敏线。而不同元素的原子结构和外层电子排布各不相同,所以"共振线"也就不同,各有特征,又称"特征谱线"。

7.1.2 谱线轮廓与谱线变宽

理论上讲,吸收谱线应该是唯一确定波长的单色线,但实际上它占有相当窄的波长或频率范围,具有一定的宽度。

若用不同频率 ν 的光通过原子蒸气,有一部分将被吸收,透过光的强度为 I_ν,则吸收的情况如图 7-1 所示。

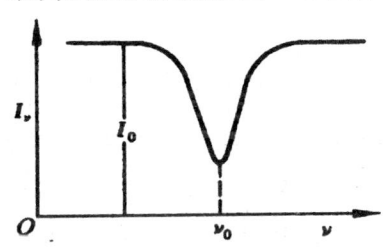

图 7-1 I_ν 与 ν 的关系

以吸收系数 K_ν 对频率 ν 作图 7-2,在 ν_0 处吸收系数最大,ν_0 称为中心频率,对应的 K_ν 称为峰值吸收系数。在 $\dfrac{K_0}{2}$ 处,吸收线轮廓上两点的距离称为半宽度,用 $\Delta\nu$ 表示,其数量级约为 0.001~0.01nm。所谓谱线轮廓,就是谱线强度按频率的分布。

由于半宽存在使得吸收谱线占有了一定的波长或频率范围,不再是唯一确定波长的单色线,这种现象称为谱线变宽。原子的自身性质以及外界因素的影响都会导致谱线变宽。

1. 自然宽度

在无外界影响时,谱线仍有一定宽度,这就是自然宽度。它

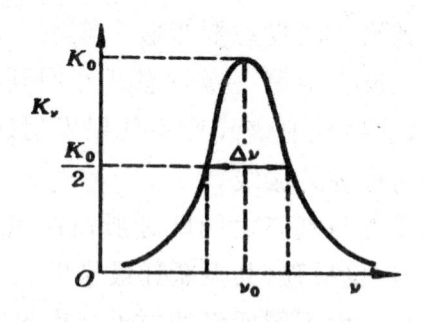

图 7-2　吸收线轮廓与半宽度

由原子处于激发态的寿命决定。根据量子力学的计算,谱线自然宽度数量级为 10^{-5},比其他原因所引起的谱线宽度小得多,所以在大多数情况下可以忽略。

2. 多普勒变宽

由于原子在空间做无规则热运动,引起的谱线变宽,又称热宽度。它是谱线变宽的主要因素。

3. 劳伦兹变宽

由于吸收原子与蒸气中其他粒子碰撞而引起的变宽,又称压力变宽。劳伦兹变宽与多普勒变宽具有相同的数量级(10^{-3} nm),都是变宽的主要因素。

除上述因素外,还有其他一些变宽。在通常的原子吸收分析的实验条件下,吸收线的轮廓主要受多普勒变宽和劳伦兹变宽影响,其他影响可以忽略。

7.1.3　原子吸收定量原理

在实际工作中,普遍应用火焰原子化方法,火焰温度一般低于 3000K,此时火焰中激发态原子数远小于基态原子数,可以用基态原子数代表吸收辐射的原子总数。因此,可以认为在常规原子吸收法中,试样浓度与待测元素吸收辐射的原子总数成正比。

即在一定实验条件下,吸光度与浓度的关系遵循朗伯-比尔定律,这就是原子吸收法的定量依据。

第7章 原子吸收分光光度法及其在水质分析中的应用

$$A=Kc$$

式中，K 为常数。

7.2 原子吸收分光光度计

原子吸收分光光度计。由光源、原子化系统、分光系统和检测系统 4 大部分组成。结构原理如图 7-3 所示。

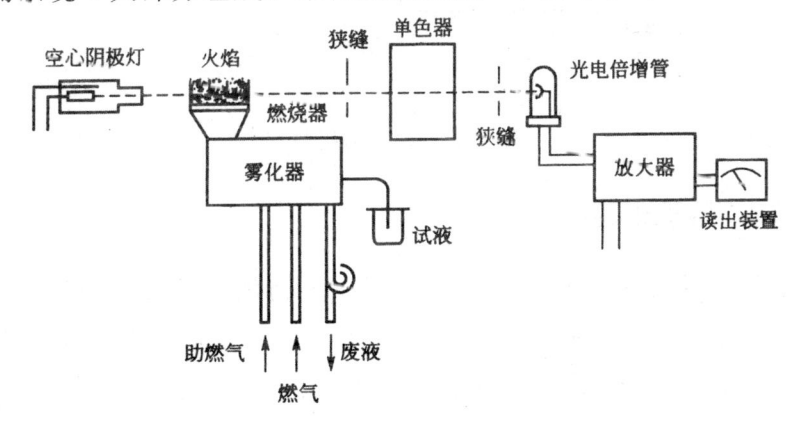

图 7-3 原子吸收分光光度计示意图

7.2.1 光源

原子吸收线的半宽度很窄，因此，只有光源发射出比吸收线半宽度更窄的、更强度大而稳定的锐线光谱，才能得到准确的结果。空心阴极灯、蒸汽放电灯和高频无极放电灯等光源，均具备上述条件，但目前广泛使用的是空心阴极灯。

空心阴极灯又叫元素灯，是一种辐射强度大、稳定性高的锐线光源，如图 7-4 所示。呈空心圆柱形的气体放电管，由钨棒上镶钛丝的阳极和发射所需特征谱线的金属或合金制成的空心筒状阴极组成。阴极和阳极在密闭充有惰性气体的带有光学窗口的硬质玻璃管内产生低压辉光放电。电子从空心阴极射向阳极，并与周围冲入的惰性气体碰撞使之电离，所产生的惰性气体的阳离子获得足够能量，在电场作用下撞击阴极内壁，使阴极表面上的金属原子溅射出来,这些原子再与电子、正离子、气体原子碰撞而被激发,当激发态的原子跃迁回基态时,辐射出特征频率的光谱,由于这种特征光谱线宽度窄,称为锐线光源。

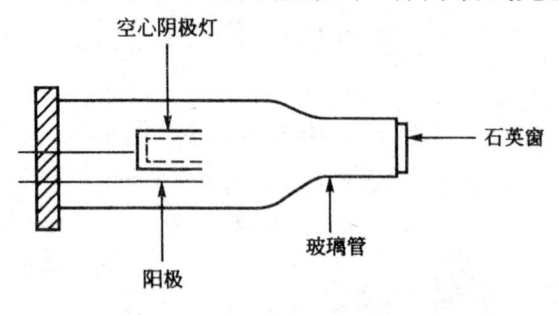

图7-4 空心阴极灯

7.2.2 原子化器

原子化器的主要作用是使试样中的待测元素转变成处于基态的气态原子,入射光束在这里被基态原子吸收,因此,它被视为"吸收池",原子化器主要有两大类:火焰原子化器和非火焰原子化器。

1. 火焰原子化器

火焰原子化器一般由化学火焰提供能量,液体试样经喷雾器形成雾粒,这些雾粒在雾化室中与气体(燃气和助燃气)均匀混合,除去大液滴后,再进入燃烧器形成火焰。此时,试液在火焰中产生原子蒸气。火焰原子化器的组成如下。

(1)喷雾器

喷雾器是火焰原子化器中的重要部件,它的作用是将试液变成细雾,雾粒越细、越多,在火焰中生成的基态自由原子就越多。目前,应用最广的是气动同心型喷雾器,其构造如图7-5所示。根据伯努利原理:当有高压气体快速通过毛细管外壁和喷嘴形成的环状间隙时,会造成负压区,从而将溶液沿毛细管吸入,并被高速气流分散成溶胶。目前,喷雾器主要采用不锈钢、聚四氟乙烯或玻璃等制成。

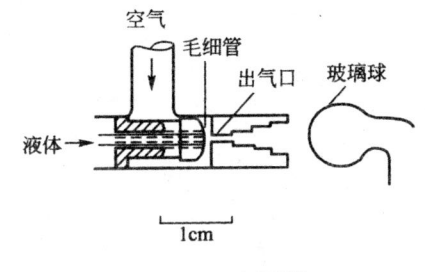

第 7 章　原子吸收分光光度法及其在水质分析中的应用

图 7-5　喷雾器

（2）雾化室

雾化室的作用主要是除去大雾滴,并使燃气和助燃气充分混合,以便在燃烧时得到稳定的火焰。雾化室的结构如图 7-6 所示,其中的扰流器可使雾粒变细,同时阻挡大的雾滴进入火焰,一般的喷雾装置的雾化效率为 5%～15%。

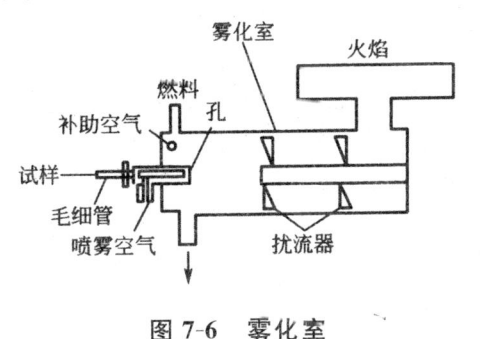

图 7-6　雾化室

（3）燃烧器

燃烧器的作用是形成火焰,使进入火焰的试样微粒原子化。试液的细雾滴进入燃烧器,在火焰中经过干燥、熔化、蒸发和离解等过程后,产生大量的基态自由原子及少量的激发态原子、离子和分子。通常,要求燃烧器的原子化程度高、火焰稳定、吸收光程长、噪声小等。常用的预混合型燃烧器,结构如图 7-7 所示,一般可达到上述要求。

燃烧器中火焰的作用是使待测物质分解形成基态自由原子。按照燃料气体与助燃气体的不同比例,可将火焰分为三类,即:中性火焰、富燃火焰、贫燃火焰。

① 中性火焰:这种火焰的燃气与助燃气的比例与它们之间

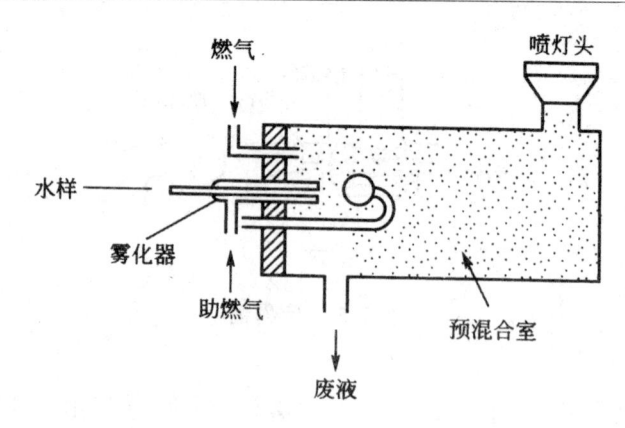

图 7-7 预混合型燃烧器示意图

化学反应的计量关系相近。它具有干扰小、温度高、背景低及稳定等特点,适用于多元素的测定。

②富燃火焰:即燃气充足,助燃气体不足,这种火焰燃烧不完全、温度低、火焰呈黄色。富燃火焰的特点是背景高、还原性强、干扰多,不如中性火焰稳定,但适用于易形成难离解氧化物元素的测定。

③贫燃火焰:燃气不足,而助燃气过量。这种火焰具有的特点是:温度较低,氧化性较强,有利于测定易离解的元素,如碱金属等。

某些燃气与助燃气的火焰温度如表 7-1 所示。火焰原子吸收中所选用的火焰温度,应使待测元素恰能离解成基态自由原子;温度过高时,会使基态原子减少,激发态原子增加,电离度增大。

表 7-1 火焰的温度

火焰	发火温度/℃	燃烧速度/(cm·s^{-1})	火焰温度/℃
氢—氧	450	900	2700
氢—空气	530	320	2050
煤气—氧	450	—	2730
煤气—空气	560	55	1840

续表

火焰	发火温度/℃	燃烧速度/(cm·s^{-1})	火焰温度/℃
丙烷—空气	510	82	1935
丙烷—氧	490	—	2850
乙炔—氧	335	1130	3060
乙炔—空气	350	160	2300
乙炔—氧化氮	—	90	3095
乙炔—氧化亚氮	400	180	2955
氰—氧	—	140	4640
氰—空气	—	20	2330
氧(50%)—氮(50%)—乙炔	—	640	2815

2. 无火焰原子化器

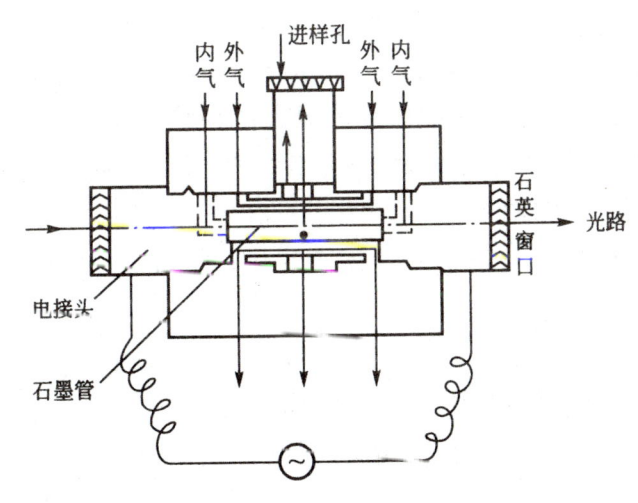

图 7-8　石墨炉原子化器

无火焰原子化法又称非火焰原子化法,是指不用火焰进行原子化的方法,有电热原子化法,如石墨管、钽舟等;化学原子化法,如氢化法等。常用的是石墨炉原子化器,如图 7-8 所示,其基本原理是利用大电流通过高阻值的石墨器皿时所产生的高温,使置于其中的少量试液或固体试样蒸发和原子化。

(1)结构

石墨炉原子化器由三部分组成,即加热电源、炉体、石墨管。

①加热电源:加热电源供给原子化器能量,一般采用低压(8～10V),大电流(300～450A)的交流电。它能使石墨管迅速加热,达到2000℃以上的高温,并能以电阻加热方式形成各种温度梯度,便于对不同的元素选择最佳原子化条件。

②炉体:炉体具有水冷却外套,内部可通入惰性气体,中间有进样孔,两端装有石英窗。氩气是常用的保护气体。氩气在外气路中沿石墨管外壁流动,以保护石墨管不被烧蚀。氩气在内气路中从管两端流向管中心,由管中心孔流出,以有效地除去在干燥和灰化过程中所产生的基体蒸汽,同时保护已原子化了的原子不再被氧化。水冷却外套是为了保护炉体,确保切断电源后20～30s,炉子降到室温。

③石墨管:由致密石墨制成,有标准型和沟级型两种形状。标准型应用比较广泛,长约28mm,内径约8mm,管中央开一小孔,用于注入样品和使保护气体通过。沟纹型用于有机溶剂,但其最高温度较低,不适于测定钒、钼等高沸点元素。

(2)操作程序

石墨炉原子化过程分为四个步骤,即:干燥、灰化、原子化、净化。

干燥的目的是蒸发样品中溶剂或水分。通常,干燥温度应稍高于溶剂溶剂沸点。灰化的作用是在较高的温度(350～1200℃)下进一步除去有机物或低沸点无机物,以减少基体组分对被测元素的干扰。然后在原子化温度下,被测化合物离解为气态原子,实现原子化,进行测定,测定完成后将石墨炉加热到更高的温度,进行石墨炉的净化。净化的作用是除去石墨炉中残留的分析物,消除由此产生的记忆效应。所谓记忆效应是指上次测定的试样残留物对下次测定所产生的影响。因此每一个试样测定结束后,都要高温灼烧石墨管,进行高温净化。

3. 特殊原子化技术

这些特殊技术能大幅度提高测定灵敏度并扩大原子吸收法的应用范围,不过它们只在某些特殊情况下才显示其价值和特点,因而在应用上有一定的局限性。

(1)氢化物原子化法

原子吸收光谱法中,所采用的氢化物发生器和原子化系统如图 7-9 所示。原子化是在加热的石英管中进行的,适用容易形成气态氢化物元素的测定。

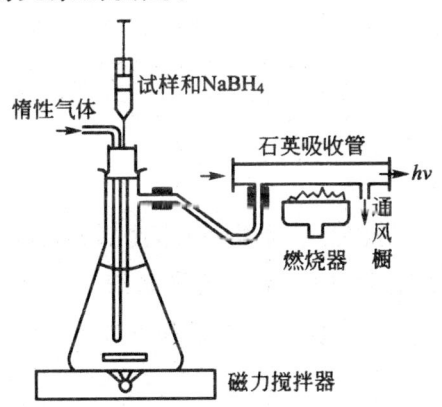

图 7-9　氢化物发生器和原子化系统

(2)冷蒸气原子化

冷蒸气原子化技术是一种低温原子化技术,属于非火焰原子法技术。仅仅用于汞的测定。这种技术以常温下汞有高的蒸气压为基础。在常温下用 $SnCl_2$ 做还原剂,将无机 Hg^{2+} 还原为金属汞,然后由氩或氮等载气把汞蒸气送入吸收光路,测量汞蒸气对吸收线 Hg253.72nm 的吸收。

由于各类有机汞化合物有毒并广泛分布在环境中,故此法显得尤为重要。本法的检测限可达 ng/mL 级。

7.2.3　分光系统

分光系统也称单色器,主要由色散元件、反射镜、狭缝组成。

其作用是将待测元素的共振线与邻近的谱线分开。单色器的色散元件为棱镜或衍射光栅。

7.2.4 检测系统

检测系统由检测器、放大器、对数转换器和显示装置组成。检测系统的作用是将经过原子蒸气吸收和单色器分光后的微弱光信号转换成电信号,经放大后显示出来。

7.2.5 仪器类型

目前,原子吸收分光光度计按光学系统分类,可分为单光束型、双光束型和双光束双通道型三种类型,实际应用的主要是单光束型和双光束型。

1. 单光束型

简易的原子吸收分光光度计一般都是单光束型的。如图 7-10(a)所示为单光束型仪器的光路系统。它的组成部分为:空心阴极灯、反射镜、原子化器、光栅和光电倍增管。用光电倍增管前的快门将暗电流调零。用空白溶液喷入火焰调 T 为 100% 后,用试样溶液代替空白溶液测得透射比。单光束型仪器结构简单,体积小,价格低,可满足一般分析的要求。但它不能消除因光源波动造成的影响,基线漂移,空心阴极灯预热时间长。

2. 双光束型

双光束型仪器如图 7-10(b)所示。用一旋转镜把来自空心阴极灯的光束分为两束,其中一束通过火焰作为测量(P)光束,另一束从火焰旁边通过(Pr)作为参照光束,然后用半镀银镜(切光器)把两个光束合并,交替进入单色器后,到达光电倍增管。

在双光束仪器中,由于两个光束来自同一光源,在一定程度上可以消除光源波动造成的影响。此外,空心阴极灯不需预热即可工作。然而,因参考光束没有通过火焰,故不能抵消波动带

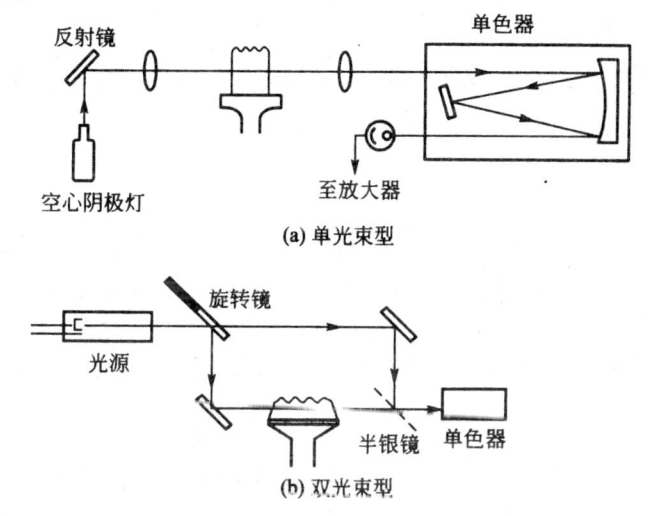

第 7 章 原子吸收分光光度法及其在水质分析中的应用

来的影响。

图 7-10 典型的火焰原子分光光度计

7.2.6 干扰及抑制

原子吸收分光光度法因分析的特异性较强而干扰较少,其干扰大致可以分为光谱干扰、物理干扰和化学干扰。

1. 光谱干扰

光谱干扰是指非测定谱线进入检测器或测定谱线被非待测元素吸收而减弱,造成的偏离吸收定律现象。光谱干扰主要来自光源和原子化器,有时也受共存元素的影响,包括谱线干扰和背景吸收干扰两种。

谱线干扰有两种:吸收线与相邻谱线不能完全分开,待测元素的分析线与共存元素的吸收线相重叠。

对于光谱干扰常用减少狭缝、使用高纯度的单元素灯、零点扣除、使用合适的燃气与助燃气以及使用氘灯背景校正等方法来消除。

2. 物理干扰

溶液的物理性质如表面张力、黏度、比重及温度等发生变化

· 195 ·

时,也将引起喷雾效率或进入火焰试样量的改变,产生干扰,称为物理干扰。

消除的方法是配制与被测试样组成相近的标准溶液或采用标准加入法。若试样溶液浓度高,还可采用稀释法。

3. 化学干扰

待测元素与共存元素发生化学反应,引起原子化率的改变所造成的影响,统称为化学干扰。化学干扰主要有形成化合物和电离两种形式。

(1)形成化合物干扰

典型的化学干扰是待测元素与共存组分发生化学反应生成稳定的化合物,而使基态原子数减少,吸光度值下降的干扰效应。使用高温火焰原子化可降低这种干扰。

(2)电离干扰

很多元素在高温火焰中都会产生电离,使基态原子减少,灵敏度降低,这种现象称为电离干扰。这种干扰是对于容易电离的元素而言的,火焰温度越高,越容易电离,干扰越为严重。

化学干扰是一种选择性干扰,它因元素不同而不同,也随实验条件的变化而变化。在标准溶液和试样溶液中,同时加入某些试剂(如消释放剂、电离剂、缓冲剂、保护剂、基体改进剂等)可以抑制化学干扰。如不能消除化学干扰时,只有采用化学分离的方法,如离子交换、溶剂萃取、沉淀分离等方法,用得较多的是溶剂萃取的方法。

7.3 定量分析方法

7.3.1 标准曲线法

标准曲线法是原子吸收分析中最简单、最常用的方法。先配制一标准系列,在原子吸收光谱仪上测出其相应吸光度,然后作吸光度浓度关系曲线(标准曲线),将在相同条件下测得的试样吸光度值从标准曲线上查出对应的浓度值,就可换算出试样中待测元素的含量。

7.3.2 标准加入法

为了减小试液与标准溶液之间的差异(如基体、黏度等)引起的误差,可采用标准加入法。

取若干份体积相同的试液(c_x),依次按比例加入不同体积(如 10mL,20mL,30mL,40mL…)的待测物的标准溶液(c_0);稀释到相同体积后浓度依次为 c_x,c_x+c_0,c_x+2c_0…分别测得吸光度为 A_x,A_1,A_2…作出校正曲线;以 A 对浓度 c 作图,如图 7-11 所示,校正曲线延长至与横轴相交,相交点对应的浓度即为未知样品溶液中待测元素的浓度,如图 7-11 中的 c_x 点。

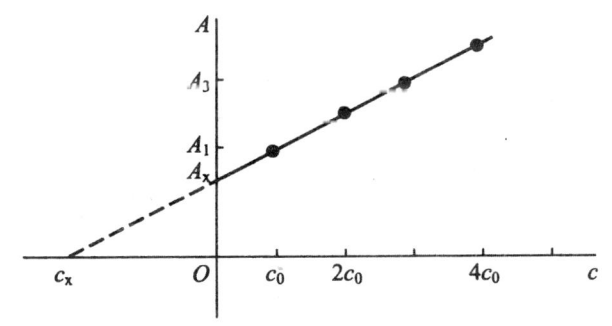

图 7-11 标准加入法曲线

7.3.3 内标法

内标法是指依次在一系列不同浓度的待测元素的标准溶液中,加入相同量的内标元素,然后稀释,使体积相同。试验条件保持相同,分别在内标元素及待测元素的特征波长处,依次测量每种溶液中待测元素和内标元素的吸光度比值,然后绘制吸光度比值与浓度的关系图,如图 7-12 所示。在待测试样中加入同样量的内标物,测得比值,在内标工作曲线上用内插法查出试样中待测元素的浓度比值,计算出试样中待测元素的含量。

图 7-12　内标法曲线

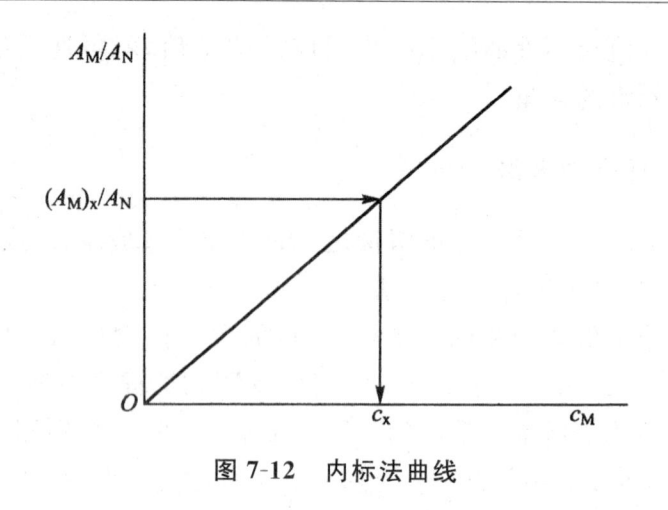

7.4　原子吸收分光光度法在水质分析中的应用

原子吸收分光光度法具有灵敏度高、干扰小、操作方便等优点，能满足微量和痕量分析的要求。目前原子吸收分光光度法主要应用于水质分析、环境监测、冶金、矿物、化工、石油、医学等生产部门和科学研究工作，尤其在环境监测中分析痕量金属，在国内外都以此法作为标准分析法。

目前，利用原子吸收分光光度法在水质分析中能测定 70 多种元素，如饮用水、河水、海水、工业废水中的 Cd、Hg、As、Pb、Mn、Co、Cr、Sn、Cu、Zn、Ni、Fe、Sb、Al、Se、Mo、W、V、Ca、Mg、Ag 等金属离子。

7.4.1　水中 Ca 和 Mg 的测定

当自来水中 Ca 和 Mg 的含量较少时，用 EDTA 滴定法不能检测出其具体浓度，此时需要应用原子吸收法来测定。

选取相应的空心阴极灯，将水样喷入空气-乙炔火焰中，使 Ca、Mg 原子化，并选用 422.7nm 共振线来测定钙，用 285.2nm 共振线来测定镁。

在空气-乙炔火焰中，一般水中常见的阴、阳离子不影响钙和镁的测定，Al^{3+}、SiO_3^{2-}、SO_4^{2-} 及磷酸根等能抑制钙、镁的原子化，产生化学干扰。可加入 3000mg/L 的 Sr^{3+} 或 2000mg/L 的 La^{3+} 作为释放剂来克服。

7.4.2 水中 Cu、Pb、Zn、Cd 的测定

1. 直接吸入火焰原子吸收法测定 Cu、Pb、Zn、Cd

当样品中金属含量较高时，可将预处理好的试样直接喷入空气－乙炔火焰，进行原子吸收分光光度测定。为消除杂质对测定的干扰，样品需要预处理。

①没有悬浮物的地下水和清洁地面水，可以直接测定。

②比较清的废水和较浑浊的地面水，每 100mL 水样加 1mL 硝酸，加热消化 15min，冷却后用快速定量滤纸过滤，滤液用蒸馏水稀释到一定体积，供测定用。

③较脏的废水，每 100mL 水样加入 5mL 浓硝酸，加热消化到 10mL 左右，稍冷却，再加入含量为 70%～72% 的高氯酸 2mL 和 5mL 浓硝酸，继续加热消解至 1mL 左右。降温冷却后，残渣用蒸馏水溶解，用酸洗过的中速滤纸过滤至 100mL 的容量瓶中，加蒸馏水稀释至刻度。以 0.2% 的硝酸同样消解后为空白对照。

选取各元素相应的空心阴极灯，按表 7-2 选取分析线波长，测定水样中 Cu、Pb、Zn、Cd 的吸光度值，由标准曲线查出或标准加入法可测出对应金属元素的含量或浓度。

表 7-2　Cu、Pb、Zn、Cd 的测定条件及浓度测定范围

元素	分析线波长/nm	火焰类型	直接测定/(mg/L)	萃取测定/(μg/L)	石墨炉测定/(μg/L)
Cu	324.7	乙炔－空气,氧化型	0.05～5	1～50	1～50
Pb	283.3	乙炔－空气,氧化型	0.2～10	10～200	1～50

续表

元素	分析线波长/nm	火焰类型	测定浓度范围		
			直接测定/(mg/L)	萃取测定/(μg/L)	石墨炉测定/(μg/L)
Zn	213.8	乙炔－空气,氧化型	0.05~1		
Cd	228.8	乙炔－空气,氧化型	0.04~1	1~50	0.1~2

2. 石墨炉原子吸收分光光度法测定痕量 Cu、Pb、Cd

将水样或消解后的水样直接注入石墨炉内进行测定。石墨炉原子吸收分光光度法的基体效应比较显著和复杂。测定时,石墨炉的加热升温分 3 个阶段进行。

①干燥阶段:以低温或小电流干燥试样,使溶剂完全挥发。

②灰化阶段:用中等电流加热,使试样灰化或碳化,在这过程中有足够高的灰化温度及足够长的灰化时间,使试样基体完全蒸发,且被测元素不损失。

③原子化阶段:用大电流加热,使待测元素迅速原子化,通常选择最低原子化温度。

测定结束后,将温度升至最大允许值并维持一定时间,以除去残留物,消除记忆效应,做好下一次进样的准备。另外也可加入基体改良剂消除干扰。

7.4.3 水中 Fe 和 Mn 的测定

正常情况下,Fe 和 Mn 的火焰受由分子吸收或光散射造成的背景值吸收影响很小,受原子吸收法的基体干扰也不大。化学干扰是其主要的干扰,当 Si 的浓度大于 20mg/L 时,对测定产生负干扰。为消除干扰,可加入 200mg/L 的氯化钙。方法是选取相应的空心阴极灯,将试样喷入空气-乙炔火焰中,使 Fe 和 Mn 原子化,并分别选用 248.3nm 共振线测定铁,用 279.5nm 共振线测定锰。

参考文献

[1] 崔执应. 水分析化学. 北京:北京大学出版社,2006.

[2] 方慧群,于俊生,史坚等. 仪器分析. 北京:科学出版社,2002.

[3] 宋吉娜. 水分析化学. 北京:北京大学出版社,2013.

[4] 夏淑梅. 水分析化学. 北京:北京大学出版社,2012.

[5] 齐文启. 环境监测新技术. 北京:化学工业出版社,2003.

[6] 俞英明. 水分析化学. 北京:冶金工业出版社,2001.

[7] 王国慧. 水分析化学(第2版). 北京:化学工业出版社,2009.

[8] 汪尔康. 分析化学. 北京:北京理工大学出版社,2002.

[9] 黄君礼. 水分析化学(第4版). 北京:北京建筑工业出版社,2013.

[10] 高向阳. 新编仪器分析. 北京:科学出版社,2004.

[11] 聂麦茜,吴蔓莉. 水分析化学. 北京:冶金工业出版社,2003.

[12] 谢协忠. 水分析化学. 北京:中国电力出版社,2014.

[13] 张志军. 水分析化学. 北京:中国石化出版社,2009.

[14] 许晓文. 定量分析化学(第2版). 天津:南开大学出版社,2005.

[15] 濮文虹,刘光虹,喻俊芳. 水质分析化学(第2版). 武汉:华中科技大学出版社,2004.

[16] 李培元. 火力发电厂水处理及水质控制. 北京:中国电力出版社,2000.

[17] 王有志. 水质分析技术. 北京:化学工业出版社,2007.

[18] 王萍. 水分析技术. 北京:中国建筑工业出版社,2000.

[19]吴俊森.水分析化学精讲精练.北京:化学工业出版社,2009.
[20]朱明华.仪器分析(第三版).北京:高等教育出版社,2006.